알아두면 쓸모있는

식품과학 이야기

일러두기

이 책은 일본 식품을 예시로 '식품과학'을 다루는 책입니다. 사례 대부분이 일본 기준이며, 한국 기준과는 다를
수 있습니다.

알아두면 쓸모있는
식품과학 이야기

사이토 가쓰히로 지음
정세영 옮김

시그마북스
Sigma Books

알아두면 쓸모 있는 식품과학 이야기

발행일 2022년 11월 7일 초판 1쇄 발행

지은이 사이토 가쓰히로

옮긴이 정세영

발행인 강학경

발행처 시그마북스

마케팅 정제용

에디터 최연정, 최윤정

디자인 강경희, 김문배

등록번호 제10-965호

주소 서울특별시 영등포구 양평로 22길 21 선유도코오롱디지털타워 A402호

전자우편 sigmabooks@spress.co.kr

홈페이지 http://www.sigmabooks.co.kr

전화 (02) 2062-5288~9

팩시밀리 (02) 323-4197

ISBN 979-11-6862-083-4 (03590)

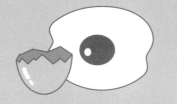

시작하며

우리가 매일 몇 번씩이나 마주하고, 그때마다 기대감에 설레는 것, 그것은 바로 '식품'이다. 세 끼 식사는 물론 간식을 먹거나, 친구와 대화를 나누거나, 술잔을 기울일 때도 식품은 늘 우리 곁에 있다. 식품이야말로 우리와 평생을 함께하는 소중한 친구다.

이 책은 식품을 조금 과학적인 시선으로 바라보는 데 목적을 두었다. 다시 말해 소중한 친구의 중요한 성질과 특징을 '과학'이라는 보편적인 눈으로 확인해보자는 것이다.

식품에는 여러 가지가 있다. 우선 식물이 있고, 동물이 있고, 어패류가 있다. 그것들을 가공한 가공식품이 있다. 이 책은 이처럼 광범위한 식품의 거의 전부를 다룬다. 식물이든 동물이든 주요 성분은 탄수화물, 단백질, 지방 등이다. 그리고 이런 성분이 다양한 형태와 비율로 들어 있는 것이 식품이다. 식품은 우리에게 '영양'과 '건강'을 준다. **영양을 주는 것은 탄수화물, 단백질, 지방이다. 건강을 주는 것에는 비타민, 호르몬, 에탄올, 카페인**

등이 있다.

 이 책은 '식품의 과학'이라는 이름 아래, 식품과 떼려야 뗄 수 없는 **조리, 전통, 미의식, 식(食)에 대한 호기심**까지 모조리 소개하고자 한 야심의 결과물이다. 식품을 소재 삼아 과학을 안내하는 사람으로서 음식의 세계를 산책하는 마음으로 집필에 임했다. 이 책을 읽고 나면 평소 아무 생각 없이 먹었던 식품이 얼마나 훌륭하고 감사한지 알게 되리라 믿는다.

 마지막으로 이 책을 출판하는 데 많은 도움을 주신 베레출판의 반도 이치로 씨, 편집스튜디오 시라쿠사의 하타나카 다카시 씨, 참고 서적의 저자 여러분, 그리고 출판사 분들께 감사드린다.

2019년 8월

사이토 가쓰히로

차례

제 3 장

어패류는 고단백, 저칼로리, 저지방의 건강 식재료

제 4 장

지방이 몸을 건강하게 만든다!

제 5 장

곡물로 알아보는 탄수화물의 세계

제 6 장

채소와 과일의 특색은 무엇일까?

제 7 장

5가지 맛과 발효로 알아보는 조미료

제 8 장
생유와 달걀은 완전식품

제 9 장
빵과 면을 글루텐이라는 관점에서 살펴보자!

제 10 장
과자와 기호 음료, 식사를 더 빛나게 한다

제 11 장
가공식품을 과학하다

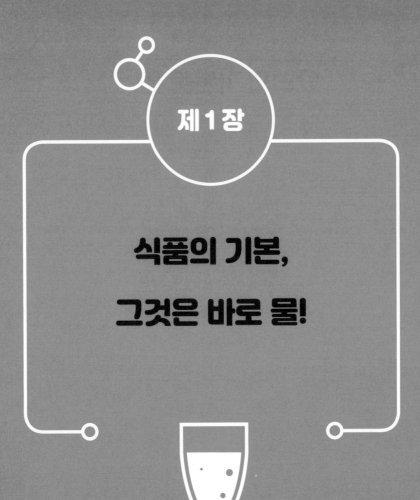

제 1 장

식품의 기본,
그것은 바로 물!

요리의 기본은 물!

물이 식품의 맛과 품질을 좌우한다

요리에는 헤아릴 수 없을 만큼 다양한 식품과 식재료가 사용된다. 식품은 우리 몸을 구성할 뿐만 아니라 살아가는 데 필요한 에너지를 공급하고 생명을 유지해 주는 중요한 물질이다. 식품이 없다면 우리는 며칠도 생명을 유지할 수 없을 것이다. 요리란 이렇듯 다양한 식품을 자르고, 혼합하고, 가열 가공하는 등의 과정을 거침으로써 맛을 끌어올리고 식품 속 영양분을 더 흡수하기 쉬운 형태로 변화시키는 것을 말한다.

식품 중 야채, 고기, 어패류, 달걀, 우유 등 자연에서 얻은 그대로 가열, 가공하지 않은 식품을 신선식품이라고 한다. 그에 반해 빵, 면, 과자, 술 등 가열, 가공한 식품을 가공식품이라고 한다.

　그런데 보통 식품이라고 부르지는 않지만 거의 모든 식품에 들어 있어서 식사 때마다 반드시 섭취하는 중요한 물질이 있다. 우리는 식품 없이도 며칠은 살 수 있지만, 이 물질 없이는 하루도 버티기 힘들 것이다.

　이처럼 중요한 물질, 그것은 바로 물이다. 가열 건조한 식품을 제외한 모든 식품에 수분이 들어 있다 보니 **물은 식품의 맛과 품질을 크게 좌우하고 인간의 건강에 커다란 영향을 끼친다.** 물의 성질을 알아보는 것으로 첫머리를 시작해보자.

　물은 0℃ 이하로 냉각하면 얼어서 고체(결정) 상태인 얼음이 된다. 얼음을 가열해서 0℃가 되면 녹아서(융해) 액체 상태인 물이 되고, 100℃로 가열하면 끓어서(비등) 기체 상태인 수증기가 된다. 주전자 주둥이에서 나오는 하얀 김은 전부가 다 기체인 게 아니라 기체인 수증기와 액체인 물의 미립자가 섞여 있는 것이다.

　이러한 고체, 액체, 기체 등을 일컬어 물질의 상태라고 하며 융해, 비등 등의 현상을 물질의 '상태 변화'라고 한다. 상태 변화에는 저마다 고유한 이름이 붙어 있다.

〈그림 1-1〉에서 '얼음을 0℃로 가열'하면 융해하고 '물을 100℃로 가열'하면 비등한다고 했는데, 사실 이 표현은 올바르지 않다. 정확하게는 각각 '얼음을 "1기압에서" 0℃로 가열'한다, '물을 "1기압에서" 100℃로 가열'한다고 해야 한다. 다시 말해 기압을 1기압으로 고정해야 한다. 만약 기압이 변하면 융해하는 온도(녹는점), 비등하는 온도(끓는점)도 변하기 때문이다.

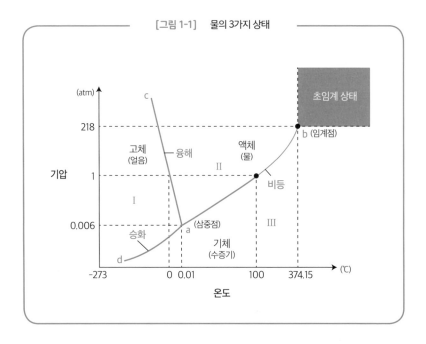

[그림 1-1] 물의 3가지 상태

제1장 식품의 기본, 그것은 바로 물!

특정한 기압과 온도에서 물이 어떤 상태로 존재하는지 나타낸 〈그림 1-1〉을 물의 **상평형 그림**이라고 한다.

그림에는 세 곡선 ab, ac, ad로 나누어진 세 영역 I, II, III이 있다. 물의 압력이 P, 온도가 T일 때 그 물의 상태는 '점(P, T)이 어느 영역에 존재하는지'로 알 수 있다. 즉 점(P, T)이 I영역에 있으면 물은 고체인 얼음이고 II영역에 있으면 액체 상태인 것이다. 예를 들어 P가 1기압, T가 60℃라면 점(P, T)은 II영역에 존재하므로 이 조건에서 물은 액체 상태다.

그렇다면 점(P, T)이 II영역과 III영역을 가르는 곡선 ab 위에 놓일 때는 어떻게 될까? 이때는 II와 III의 두 상태, 즉 액체와 기체가 동시에 존재(공존)하게 된다. 이것을 비등 상태라고 한다. 〈그림 1-1〉을 보면 1기압에서는 100℃에서 비등하는 것을 알 수 있다.

그와 마찬가지로 점(P, T)이 곡선 ac 위에 있을 때는 고체와 액체가 공존하는 상태, 즉 **융해**다. 그림을 보면 1기압에서 녹는점은 0℃라는 것을 알 수 있다.

그렇다면 곡선 ad는 무엇을 나타낼까? 이 선은 고체와 기체가 공존하는 것을 나타낸다. 다시 말해 고체인 얼음이 그대로 기체인 수증기로 변화하는 것이다. 신기하게 느껴질지도 모르지만 드라이아이스가 녹는(승화하는) 현상이 여기에 해당한다. 드라이아이스는 이산화탄소(CO_2)의 고체인데, 온도가 올라가도 액체를 거치지 않고 곧바로 기체가 된다. 이런 변화를 **승화**라고 한다. 옷장에 넣는 고형 방충제도 이와 같은 현상이다.

물의 상평형 그림은 요리와 밀접한 관련이 있다. 몇 가지 사례를 살펴보자.

압력솥

앞의 물의 상평형 그림을 보면 물의 끓는점은 1기압에서 100℃지만, 기압이 낮아지면 끓는점도 낮아진다는 것을 알 수 있다. 예를 들어 높은 산에서는 기압이 낮아지고 끓는점도 낮아진다. 이것은 물에 아무리 열(에너지)을 가해도 그 에너지는 물의 기화열(액체가 증발할 때 외부로부터 흡수하는 열-옮긴이)로 쓰여서 물의 온도가 끓는점 이상으로는 올라가지 않는다는 의미다.

해발 3,776m인 후지산 정상의 기압은 약 0.7기압이며, 그에 따라 끓는점은 85℃ 정도로 낮아진다. 이것은 물을 가열하면 85℃에서 끓고, 그 이상 아무리 가열해도 가열 에너지가 물의 증발 에너지로 사용되어 물의 온도가 끓는점인 85℃ 이상으로는 올라가지 않는다는 의미다. 이처럼 후지산 정상에서 밥을 지으면 쌀의 온도는 85℃까지만 상승하므로 아무리 오래 끓여도 밥이 설익는다.

반면 압력솥을 사용하면 솥 안이 수증기로 가득 차서 압력이 높아진다. 그 결과 끓는점도 높아져서 내부 온도가 120℃나 된다. 그래서 생선 뼈까지 물러지는 것이다.

동결 건조

물의 상평형 그림에서 곡선 ad의 승화를 보자. 승화가 일어나려면 점(P, T)이 곡선 ad 위에 있어야 하므로 점 a보다 고온, 고압인 조건에서는 승화가 일어날 수 없다. 즉 0.006기압, 0.01℃ 이하여야만 한다. 수분을 함유한 식품을 이 조건에 두면, 식품 속 수분은 얼어서 얼음이 된 다음 기화해서 수증기로 바뀐다. 이것이 동결 건조라고 불리는 조리법이다.

1기압에서 물을 기화하여 없애려면 계속 끓이는 방법밖에 없다. 다시 말해 식품을 100℃에서 계속 가열해야만 한다. 이렇게 오래 끓이면 식품이 흐물흐물해져서 맛도 식감도 형편없어진다.

과열수증기 스팀 오븐

일본에서 '물로 생선을 굽는다'라는 광고 문구로 널리 알려진 오븐이 있다. 물로 생선을 '삶는다'면 모를까 '굽는다'니, 대체 어떻게 하는 걸까?

물 하면 무심코 '액체'를 떠올리게 마련이지만 앞에서 살펴보았듯 물에는 기체인 물, 즉 수증기도 있다. 수증기는 공기나 도시가스와 마찬가지로 기체다. 게다가 도시가스와 달리 타지도 않는다. 다시 말해 **수증기는 고온의 공기처럼 몇백 도(℃)로도, 몇천 도로도 가열**할 수 있다. 과열수증기 스팀 오븐은 이런 고온의 수증기를 이용해 식품을 가열하는 것이다.

수증기를 사용하는 이유로 가열 효율도 꼽을 수 있다. 한여름날 땅바닥에 물을 뿌리는 것에서 알 수 있듯이 물은 수증기가 될 때 대량의 열

(기화열: 1기압 25℃에서 1g당 584cal)을 빼앗아 간다. 그 말은 즉 수증기가 액체로 되돌아올 때는 같은 양의 열을 대량으로 방출한다는 의미다. 과열수증기 스팀 오븐은 고온의 수증기로 가열할 뿐만 아니라 그 수증기가 식품에 닿아 액체로 되돌아올 때 한 번 더 가열하는 이중 가열 장치인 것이다.

삼중점에서 물은 어떻게 될까?

상태를 구분하는 세 곡선이 모이는 점 a를 삼중점(triple point)이라고 한다. 점(P, T)이 삼중점 a에서 겹쳐졌을 때, 요컨대 0.006기압, 0.01℃가 되면 물은 어떻게 될까?

이 경우에는 3가지 상태(고체, 액체, 기체)가 공존하게 된다. 즉 얼음이 동동 떠 있는 물이 펄펄 끓는 것이다. 이를테면 칵테일의 일종인 하이볼, 또는 남극해가 부글부글 끓어오르며 거품이 이는 것이다. 펭귄도 화들짝 놀랄 듯하다.

하지만 걱정할 필요는 없다. 0.006기압이라는 진공에 가까운 조건은 자연계에서는 절대 일어나지 않는다. 실험실의 특수한 장치 안에서만 일어나는 현상이니 안심해도 좋다.

02

밀가루와 설탕은
물에 녹는다?

○ 똑같이 '녹는다'고 해도 융해와 용해는 다르다 ○

설탕물처럼 다른 물질을 녹인 액체를 **용액**이라고 한다. 그리고 녹은 물질을 용질, 녹인 물질을 용매라고 한다. 설탕물이라면 설탕이 용질, 물이 용매다.

식재료 중에는 물에 녹는 물질과 녹지 않는 물질이 있다. 언뜻 보기에는 녹은 것 같지만 녹지 않는 물질도 있다. '녹고' '안 녹고'는 어떻게 결정되는 걸까? 여기에는 분자의 성질과 구조가 크게 영향을 미친다. 조금 복잡하게 느껴질지도 모르지만 '요리'를 과학적으로 보려면 중요한 부분이니 짚고 넘어가자.

우선 성질부터 살펴보겠다. 소금(염화나트륨, NaCl)은 결정이 투명하고

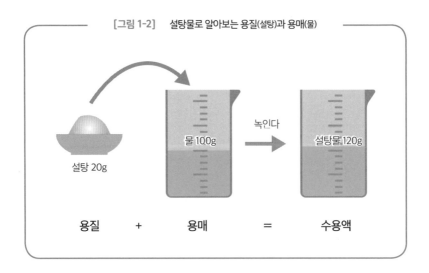

[그림 1-2]　설탕물로 알아보는 용질(설탕)과 용매(물)

물 100g

녹인다

설탕물 120g

설탕 20g

용질　　+　　용매　　=　　수용액

단단한데도 물에 녹는데, 똑같이 투명하고 단단한 유리는 물에 녹지 않는다. 이유가 뭘까? 물질이 녹거나 녹지 않거나 하는 현상을 완전히 이해하기는 힘들지만, 보통 **비슷한 것은 비슷한 것을 녹인다**고 한다.

소금의 분자식은 NaCl이다. 소금은 이온성 물질로, 나트륨(Na)은 전자를 잃어서 양이온(Na^+)이 되고 염소(Cl)는 반대로 전자를 빼앗아서 음이온(Cl^-)이 된다. 물도 이온성 물질이다. 소금과 물은 둘 다 이온성이라는 비슷한 성질을 가졌기 때문에 녹아서 하나로 섞이는 것이다.

반면 유리에는 이온성이 없으므로 물에 녹지 않는다. 금은 왕수(王水, 질산과 염산의 혼합물)를 제외한 어떤 물질에도 녹지 않는다고 알려져 있지만 그렇지 않다. 수은(Hg)에는 흐물흐물하게 녹아서 진흙처럼 걸쭉

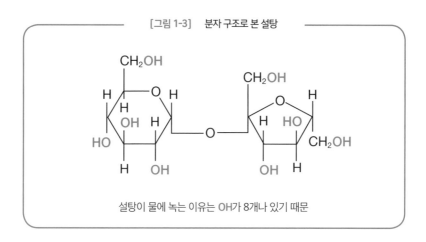

[그림 1-3]　분자 구조로 본 설탕

설탕이 물에 녹는 이유는 OH가 8개나 있기 때문

한 아말감(수은 합금)이 된다. 둘 다 모두 금속이고 성질이 비슷하기 때문이다.

이번에는 구조의 영향을 살펴보자. 설탕($C_{12}H_{22}O_{11}$)은 지방이나 단백질과 같은 유기물로, 이온적인 성질은 없지만 **설탕은 물에 녹는다**. 녹는 이유는 설탕의 분자 구조에서 찾을 수 있다.

설탕의 분자 구조는 〈그림 1-3〉과 같은데, 한 분자 안에 8개나 되는 OH 원자단(하이드록실기)을 갖는다. 물 분자도 H-OH로 1개의 OH 원자단을 갖는다. 이처럼 **설탕이 물에 녹는 이유는 분자 구조가 비슷하기 때문이다.**

얼음이 물로 변화하듯이 **순수한 고체가 액체로 녹는 현상은 '융해한다'**고 한다. 반면 **설탕물처럼 용매에 녹는 현상은 '용해한다'**고 한다. '용해'란 어떤 상태를 말할까? 물질이 용해하기 위한 조건은 다음과 같다.

① 물질이 분리되어 분자가 하나씩 떨어져 나간 상태가 된다

② 물질의 분자가 용매 분자에 둘러싸인다

②의 상태를 보통 **용매화**라고 하고, 용매가 물일 때는 별도로 구분하여 수화라고 한다. 이 상태인 용액은 보통 투명하다.

흔히 '밀가루를 물에 녹인다'고 말한다. 그러나 물에 넣은 밀가루는 절대로 녹말 분자가 하나씩 떨어져 있는 상태가 아니다. 용매화 상태는 더욱 아니다. 따라서 **밀가루를 물에 녹인 물질은 물과 밀가루의 혼합물이지 용액은 아니다.**

03

산성 식품,
염기성 식품이란?

물의 종류와 성질을 알아보자

식품은 산성 식품, 염기성 식품(알칼리성 식품)으로 구분하기도 한다. 이런 용어를 한번쯤은 들어본 적이 있을 것이다.

산성 식품이라고 하면 '아, 신 음식을 말하는 모양이구나'라고 생각하기 쉽지만, 일본식 매실절임인 **새콤한 우메보시나 레몬은 어쩐 일인지 '염기성 식품'이다. 반면 전혀 시지도 쓰지도 않은 고기와 생선이 '산성 식품'이다.**

감각적으로는 반대인데 왜 이렇게 되는 걸까? 이번 장에서는 요리와 관련이 깊은 '산성 식품', '염기성 식품'에 관해 알아보자. 그러려면 먼저 물의 종류와 성질을 알아야 한다.

경수와 연수

물에는 여러 종류가 있다. 맛있는 물이 있는가 하면 맛없는 물도 있다. 요컨대 보통 **'물'이라고 불리는 액체는 '순수한 물'이 아니라 여러 물질이 녹아 있어 복잡한 성분으로 이루어진 용액**인 것이다.

물의 종류를 구분하는 방식으로는 경수와 연수가 잘 알려져 있다. 물에는 칼슘(Ca), 마그네슘(Mg) 같은 금속 원소(미네랄 성분)가 녹아 있다. 이때 **금속 원소의 양이 많은 물을 경수, 적은 물을 연수**라고 한다.

구체적으로는 물 1리터에 함유된 칼슘과 마그네슘의 양을 탄산칼슘($CaCO_3$)으로 환산한 후 그 양으로 물의 경도를 결정한다. 경도와 물의 종류를 구분하는 기준은 〈그림 1-4〉와 같다.

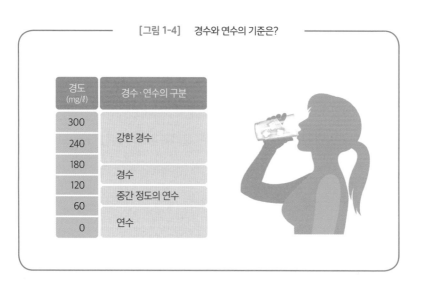

[그림 1-4] 경수와 연수의 기준은?

경도 (mg/ℓ)	경수·연수의 구분
300	강한 경수
240	강한 경수
180	경수
120	경수
60	중간 정도의 연수
0	연수

보통 한국이나 일본의 물은 연수가 많고 유럽의 물은 경수가 많다고 한다. 그리고 식수로는 연수가 적합하다고 생각하기 쉬우나 그렇지는 않다. 맛은 취향에 따라 다르게 느끼겠지만, **경수는 미네랄 성분을 공급하기에 적합**하다. 미네랄워터로 인기 있는 에비앙은 경도가 300이 넘는다. 일본 전통 청주인 사케에 쓰이기로 유명한 나다노미야미즈라는 물도 일본 중서부 효고현에 있는 롯코산맥의 땅속을 지나는 동안 미네랄 성분이 녹아들어간 경수다.

산과 염기(알칼리)의 차이는?

수용액의 성질 중에는 산성과 염기성이 중요하다. 그런데 산성, 염기성의 바탕은 산과 염기다. 그러니 일단 산과 염기부터 살펴보자.

'산·염기의 정의'는 몇 가지가 있는데, 가장 일반적인 정의는 다음과 같다.

(1) 산: 물에 녹아서 수소 이온(H^+)을 내놓는 물질

예) 탄산: $CO_2 + H_2O \longrightarrow H_2CO_3 \longrightarrow 2H^+ + CO_3^{2-}$

(2) 염기: 물에 녹아서 수산화 이온(OH^-)을 내놓는 물질

예) 수산화나트륨: $NaOH \longrightarrow Na^+ + OH^-$

(3) 양성 물질: H^+와 OH^-를 양쪽 다 내놓는 물질

예) 물: $H_2O \longrightarrow H^+ + OH^-$

'산, 염기'란 물질의 종류를 말하지만 '산성, 염기성'이라고 '성'이 붙으면 수용액의 성질을 의미한다. 즉 **산을 녹인 물은 '산성'이고 염기를 녹인 물은 '염기성'**인 것이다.

산성이나 염기성의 강도를 나타내는 기준으로 수소이온농도지수(pH)가 있다. pH의 정의나 계산식은 로그를 사용해서 복잡하지만 다음 내용만큼은 기억해두면 편리하다.

① 중성은 pH=7

② pH가 7보다 작으면 산성, 7보다 크면 염기성

③ pH 수치가 1만큼 차이 나면 H^+ 농도는 10배 차이가 난다

요리에서 빼놓을 수 없는 물은 산성일까, 염기성일까? 물을 분해(전기해리)하면 앞에 나온 (3)처럼 H^+와 OH^-를 1개씩 내놓는다. 따라서 물은 산성도 염기성도 아닌 중성이다.

그렇다면 똑같이 물인 빗물은 산성일까, 염기성일까? 이것을 알아내려면 **물에 녹일 때 수소 이온(H^+)을 내놓는지 수산화 이온(OH^-)을 내놓는지 조사**하면 된다.

비는 지상으로 떨어지는 동안 공기 중의 이산화탄소를 흡수한다. (1)에서 보았듯 이산화탄소는 물(비)과 반응하면 탄산(H_2CO_3)이라는 산이 되어 H^+를 내놓는다. 따라서 **모든 비는 산성**이다. 일반적으로 비의 pH는

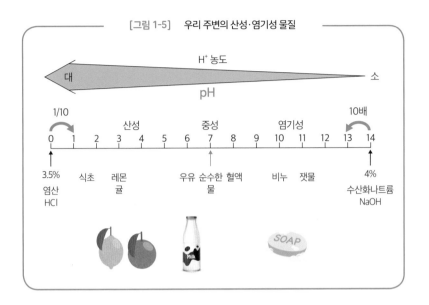

[그림 1-5] 우리 주변의 산성·염기성 물질

H⁺ 농도

대 / 소

pH

1/10 / 10배

산성 / 중성 / 염기성

0 1 2 3 4 5 6 7 8 9 10 11 12 13 14

3.5%
염산
HCl

식초 레몬 귤

우유 순수한 혈액
물

비누 잿물

4%
수산화나트륨
NaOH

SOAP

Milk

대략 5.4 정도인데, 산성비란 pH가 5.4보다 작은 특수한 비를 말한다.

주변에서 흔히 볼 수 있는 산성·염기성 물질을 다음과 같이 〈그림 1-5〉로 정리했다.

이번 장을 시작할 때 언급했듯이 식품에는 산성 식품과 염기성 식품이 있다. 식품의 **산성, 염기성은 식품 자체의 성질이 아니라 식품을 태운 후에 남은 물질(재)을 물에 녹였을 때 나타나는 용액의 성질로 결정**된다.

식물을 한번 태워 보자. 식물 대부분은 셀룰로스와 녹말이다. 둘 다 탄수화물($C_m(H_2O)_n$)이고 탄소(C), 수소(H), 산소(O)로 이루어져 있다. 따라서 태우면 이산화탄소와 물이 되어 모두 휘발된다.

그런데 식물을 태운 후에는 반드시 재가 남는다. 이 재는 대체 무엇일까? 식물에는 **미네랄**이 함유되어 있다. 요컨대 금속 성분이다. 재는 금속의 산화물인 것이다. 식물의 3대 영양소는 질소(N), 인(P), 칼륨(K)이다. 칼륨이 타면 산화칼륨(K_2O), 정확하게는 탄산칼륨(K_2CO_3)이 되는데, 이것은 최강의 염기다. 이런 이유로 레몬을 비롯한 모든 식물은 염기성 식품인 것이다.

한편 고기와 생선의 주성분은 단백질이다. 단백질에는 질소(N)와 황(S)이 들어 있다. 질소가 산화하면 NOx(녹스, 질소 산화물)가 되고, 이것이 물에 녹으면 질산(HNO_3) 등의 강한 산이 된다. 황이 산화하면 SOx(황산화물)가 되고, 이것이 녹으면 황산(H_2SO_4) 등의 강한 산이 된다. 그래서 고기와 생선은 산성 식품인 것이다.

염기와 알칼리는 같을까, 다를까?

'산, 알칼리'라고 배우는데, 어느 순간 '산, 염기'가 된다. 알칼리와 염기는 같은 것일까, 아니면 다른 것일까?

염기란 화학적으로 확실하게 정의된 전문 용어다. 그에 반해 '알칼리'는 중세 이슬람 화학에서 유래된 말로, 정의가 명확하지 않다. 알칼리에 대한 해석은 사람에 따라 다음과 같이 달라지는 듯하다.

- 나트륨(Na)이나 칼륨(K)처럼 알칼리 금속 원소가 함유된 염기
- OH^-가 될 수 있는 OH 원자단을 가진 염기

요컨대 **알칼리는 염기의 부분 집합**이다. 그래서 화학자들은 '알칼리'가 아니라 '염기'라는 용어를 사용한다. 하지만 식품이나 영양 관계자들은 '알칼리'도 사용한다. 그런 의미에서는 대략 '염기≒알칼리' 정도로 생각하면 될 것 같다.

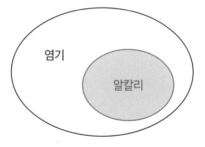

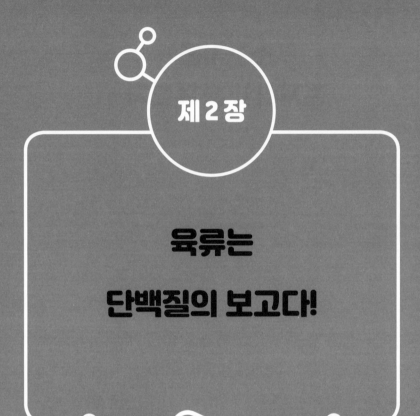

제 2 장

육류는

단백질의 보고다!

04

소고기를
철저히 파헤쳐 보자

우리가 먹는 부위는 어디일까?

육류는 신선식품 중에서도 중요도가 높다. 일본의 일반적인 정육점에 진열된 고기 종류는 그리 많지 않다. 보통 소고기, 돼지고기, 닭고기가 있다. 그리고 양, 오리, 때때로 생선 가게에서 고래 고기를 팔기도 한다. 그러나 주로 소비되는 고기는 소고기, 돼지고기, 닭고기, 이렇게 3종류다. 우선 소고기부터 살펴보자.

소고기를 분류하는 방식은 조금 복잡하다. 일단 일본 국산 소고기와 수입 소고기로 나눌 수 있다. 수입 소고기란 외국에서 사육되고 도축되어 정육으로 일본에 수입된 고기를 말한다. 일본의 2009년 **소고기 소비량은 120만 톤 정도인데, 그중 수입 소고기는 68만 톤**으로 전체 소비량의 58%를

[그림 2-1]   일본의 소고기 생산량과 수입량

	1980년	1990년	1995년	2000년	2005년	2008년	2009년	2010년	2020년 (목표)
1인당 소비량 (kg/년)	3.5	5.5	7.5	7.6	5.6	5.7	5.9	–	5.8
생산량 (만 톤)	43.1	55.5	59.0	52.1	49.7	51.8	51.6	–	52
수입량 (만 톤)	17.2	54.9	94.1	105.5	65.4	67.1	67.9	–	

출처: 일본 농림 수산성 http://www.maff.go.jp/j/wpaper/w_maff/H22/pdf/z_2_2_4.pdf

차지한다. 수입 소고기의 주요 생산지는 미국, 호주, 뉴질랜드다(한국은 2009년 소고기 소비량 39.5만 톤 중 수입산은 20만 톤으로 50.6%를 차지한다. 2020년 현재는 소고기 소비량 66.8만 톤 중 수입산은 42만 톤으로 62.9%를 차지한다. 수입국은 일본과 동일하다-옮긴이).

한편 일본 국내산 소고기는 '와규(和牛)'와 '일본산 소'로 나눌 수 있다. 와규는 일본산 소 중에서 최고 엘리트와도 같은 존재다. **와규는 일본흑소(黒毛和牛), 일본황소(褐毛和牛), 일본뿔없는소(無角和牛), 일본짧은뿔소(日本短角牛), 그리고 이들 사이의 혼혈 품종**, 이렇게 5종뿐이며 그 밖의 품종은 와규로 인정하지 않는다. 와규란 5가지 품종의 소고기만을 의미하는 것이다.

와규 이외의 소는 모두 일본산 소라고 불린다. 일본산 소로는 젖소인 홀스타인, 와규와 다른 소 품종 간의 혼혈 등이 있다. 또 **외국에서 나고 자란 소를 일본으로 데리고 와서 사육해도 일본산 소로 인정되는 경우가 있다.** 다만 이 경우에는 전체 사육 기간의 절반 이상을 일본에서 사육해야만 일본산 소로 인정된다.

보통 와규가 육질이 좋다고 생각하기 쉽지만 최근에는 마블링이 지나치게 많은 와규를 꺼리는 경향도 있어서 어떤 고기가 좋은 고기인지는 소비자의 취향에 따라 다른 듯하다.

게다가 와규끼리, 일본산 소끼리도 차이가 있다. 바로 산지의 차이다. 한때 '마쓰사카규(마츠사카규)'는 소고기 중에서도 특별 취급을 받았다. 옛날만큼은 아니지만 지금도 산지를 따지는 경향이 남아 있다. 또 회사의 브랜드처럼 산지를 브랜드화하는 데 힘을 쏟는 지역도 있다. 와규와 일본산 소에는 〈그림 2-2〉처럼 어느 정도 통일된 등급이 붙어 있다.

와규, 일본산 소는 살코기에 비계가 섞인 마블링의 정도를 나타내는 BMS를 기준으로 구분하며, 그에 따라 도표처럼 12단계로 나뉜다. 12단계는 소비자에게 분명하게 표시되지 않지만, 그것을 크게 5등급으로 분류한 육질 등급은 슈퍼마켓에 진열된 정육에 표시되기도 한다.

또 산지명을 붙여서 판매되는 소고기가 있는데, 표의 '상표' 부분에 분류해두었다. 고베규, 요네자와규, 마쓰사카규 등은 예전에 3대 와규라고 불렸다. 각 와규의 등급은 표와 같다. 고베규라는 상표는 4등급 고기까지만 쓸 수 있지만, 요네자와규에는 3등급 고기도 포함된다. 마쓰사카규는 등급이 없는데, 아마도 독자적인 등급 체계가 있었던 듯하다.

소고기는 부위별로 맛과 식감에 차이가 크다. 그래서 〈그림 2-3〉과 같

[그림 2-2] 와규 및 일본산 소의 구분

육질등급	5					4			3		2	1
BMS	No.12	No.11	No.10	No.9	No.8	No.7	No.6	No.5	No.4	No.3	No.2	No.1
상표	센다이규(仙台牛)[+3]					센다이구로게와규(仙台黒毛和牛)						
	사가규(佐賀牛)[+4]					사가산와규(佐賀産和牛)						
	고베규(神戸牛)[+5]						다지마규(但馬牛)					
	마에사와규(前沢牛)											
	와가야나키규(若柳牛)											
	히타치규(常陸牛)											
	아와규(阿波牛)											
	미야자키규(宮崎牛)								미야자키와규(宮崎和牛)			
	요네자와규(米沢牛)[+6]											
	히다규(飛騨牛)										히다와규(飛騨和牛)	
	구마노규(熊野牛)[+7]											
	오이타분고규(おおいた豊後牛)										분고규(豊後牛)	
	이시가키규(石垣牛)											
	마쓰사카규(松阪牛)											
	이가규(伊賀牛)											
	오미규(近江牛)											
	산다규(三田牛)											
	야마토우시(大和牛)											
	시마네와규(しまね和牛)											
	지야규(千屋牛)											

육질 등급: 4가지 요소(마블링, 지방의 색·광택·질, 고기의 색, 고기의 밀집도와 결)로 구성된다.
BMS: 마블링 정도를 나타내며 12단계로 평가된다.
상표: 분홍색 글씨는 3대 와규라고 불리는 상표로, 공식적으로 정해진 3대 와규는 없다.

위키피디아를 바탕으로 일부 변경

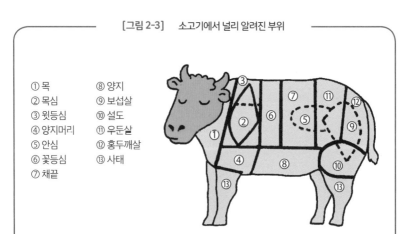

[그림 2-3] 소고기에서 널리 알려진 부위

① 목   ⑧ 양지
② 목심   ⑨ 보섭살
③ 윗등심   ⑩ 설도
④ 양지머리   ⑪ 우둔살
⑤ 안심   ⑫ 홍두깨살
⑥ 꽃등심   ⑬ 사태
⑦ 채끝

이 부위마다 고유한 이름이 붙어 있다. 주요 부위의 특징을 살펴보자.

- **윗등심**   등심은 어깨부터 허리에 걸친 등살 부분을 말한다. 윗등심
은 어깨 쪽 등심 부위를 말하며 고깃결이 가장 곱고 연하다.
- **양지**   보통 양짓살이라고 불리는 부위로, 섬유질과 근막이 많아 육
질이 거칠지만 마블링이 들어가서 진한 풍미가 있다.
- **안심**   가장 부드러운 부위다. 소 1마리당 3% 정도만 얻을 수 있어서
가격도 가장 비싸다. 조리할 때는 너무 오래 가열하지 않는 것이 중
요하다.
- **꽃등심**   가슴 근육 중에서 가장 두툼한 부분으로, 보통 등심이라고

제 2 장 육류는 단백질의 보고다!

하면 이 부위를 말한다. 로스트비프, 스테이크 등 대표적인 소고기 요리에 사용된다.

- **채끝**　소고기 중에 영어로 로인(loin)이 붙은 부위는 3곳[꽃등심(rib loin), 채끝(sirloin), 안심(tenderloin)]인데, 그중에서도 채끝은 '설(Sir)' 칭호가 붙을 만큼 최고 육질을 자랑하는 대표적인 스테이크 부위다. '로인'은 부위의 명칭으로 말하자면 등심과 같은 의미다. 영국 국왕 헨리 8세가 채끝 스테이크의 훌륭한 맛에 감동해서 설 칭호를 내렸다는 이야기가 있다. '설'은 영국에서 기사에게 붙이는 칭호다[여성의 경우는 데임(Dame)이 '설'에 해당]. 그런데 프랑스어에서는 설이 '위의'라는 의미로 사용된다고 한다. 어느 이야기가 옳은지는 확실하지 않지만 어쨌든 찬사임에는 틀림없다.

- **티본**　뼈를 사이에 두고 붙어 있는 채끝과 안심을 뼈째로 동시에 자른 부위다. 뼈의 단면이 T자 모양이라서 티본이라고 불린다. 풍미가 좋은 채끝과 부드러운 안심을 한꺼번에 맛볼 수 있어 최고의 스테이크 부위로 꼽힌다.

05

돼지고기는
가장 많이 소비되는 고기

적돼지, 흑돼지, 무균 돼지, SPF 돼지란?

2009년에 일본 국내 **돼지고기 소비량은 약 160만 톤, 그중 수입산이 약 70만 톤**으로, 전체 소비량 중 약 45%를 차지했다. 주요 수입국은 미국, 캐나다, 덴마크, 멕시코 등이다(한국의 2009년 돼지고기 소비량은 92만 톤이며 수입산 비율은 약 23%인 21만 톤이다. 2020년 현재 돼지고기 소비량은 133만 톤이며 수입산 비율은 약 23%인 31만 톤이다. 수입국은 미국, 칠레, 캐나다, 네덜란드 등이다-옮긴이).

돼지고기의 맛은 돼지 품종에 따라 다르다 보니 다양한 품종이 정육용으로 사육되고 있다. 주요 품종을 살펴보자.

제 2 장 육류는 단백질의 보고다!

[그림 2-4] 일본의 돼지고기 소비량

돼지고기 생산량 (2016년도)	돼지고기 주요 생산지 (생산량 비율, 사육 마릿수 기준: 2017년 2월 1일 기준)		
89.4만 톤	가고시마현 132.7만 마리(14%)	미야자키현 84.7만 마리(9%)	지바현 66.4만 마리(7%)

돼지고기 가격, 생산량, 수입량 추이(만 톤)					
	2012년	2013년	2014년	2015년	2016년
국내 생산량	90.7	91.7	87.5	88.8	89.4
수입량	76.0	74.4	81.6	82.6	87.7

출처: 식육 유통 통계, 축산 통계, 무역 통계 (주: 부분육 기준)

- **요크셔종** 영국이 원산지인 흰색 중형 돼지다. 전체 품종 중 근섬유가 가장 얇고 부드러우며 지방의 질도 뛰어나서 맛있는 돼지고기로 꼽힌다.

- **버크셔종** 영국이 원산지인 버크셔와 각종 돼지를 교배시켜 개량한 품종으로 털이 검은색이어서 보통 **흑돼지**라고 불린다. 몸이 튼튼하고 등심근이 크며 육질이 좋기로 유명하다.

- **두록저지종** 미국 뉴욕주의 두록이라는 적색 돼지와 뉴저지주의 저지 레드종을 교배한 품종으로 몸이 붉어서 **적돼지**라고 불린다. 일본에는 제2차 세계 대전 후 가장 빨리 수입된 품종이다.

- **랜드레이스종** 덴마크 재래종에 요크셔종을 교배해서 생긴 대형 흰

색 돼지다. 발육이 빨라서 사료가 적게 들며 등 지방의 두께가 얇아서 맛이 뛰어나다. 순종 중에는 일본에서 가장 많이 사육된다.

• **삼원 교잡종** 앞에서 소개한 순종 돼지 중 3종을 골라 교배시켜 태어난 '1세대 잡종 돼지'를 말한다. 이렇게 교배하는 이유는 **잡종 강세라는 현상을 이용해 각 품종의 장점을 두루 갖춘 돼지를 생산하기 위해서다.** 이 돼지는 한 세대만 식용으로 쓰이며 자손은 남기지 않는다.

소고기와 마찬가지로 돼지고기도 부위에 따라 맛이 다르다. 주요 부위별 이름과 특징을 알아보자.

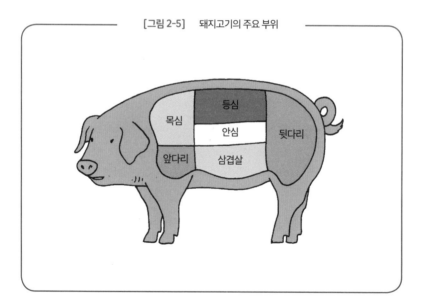

[그림 2-5] 돼지고기의 주요 부위

제 2 장 육류는 단백질의 보고다!

- **앞다리** 운동량이 많은 부위여서 살이 단단한 편이고 고깃결도 조금 거칠지만 살코기가 많다는 특징이 있다. 푹 삶으면 콜라겐의 풍부한 감칠맛이 올라온다.

- **목심** 살코기 사이사이에 지방이 섞여 있어 돼지고기 특유의 풍미와 향미가 있다. 다지거나 깍둑썰거나 얇게 저며서 다양한 요리에 사용할 수 있다. 구이나 탕수육으로 요리해도 좋다.

- **등심** 고깃결이 얇고 부드러우며 지방에 감칠맛이 있다.

- **안심** 고기양이 적어 귀하며 돼지고기 중에서 최상의 부위로 꼽힌다. 지방이 적고 맛이 담백해서 돈가스 등 기름을 사용하는 요리에 적합하다.

- **삼겹살** 육질이 부드럽고 살코기와 지방이 층을 이룬다는 특징이 있다. 뼈가 붙어 있는 것은 **등갈비**라고 불리며 바비큐에 사용된다.

- **뒷다리** 근육이 많은 부위여서 지방이 적고 결이 얇으며 육질이 부드럽다. 덩어리째 요리하기에 적합하다. 궁둥이에 가까운 볼깃살 부분은 육질이 단단하고 결이 약간 거칠다.

최근 들어 **무균** 돼지라는 단어가 자주 들린다. 무균 돼지란 무엇일까? 돼지는 돼지 살모넬라균이나 유구조충이라는 기생충에 오염되는 경우가 있는데, 이런 돼지고기를 생으로 먹으면 사람도 감염된다. 그래서 돼지고기는 생으로 먹으면 안 된다.

그런데 '무균 돼지라는 특수한 돼지는 생으로 먹을 수 있다'는 이야기가 떠돈다. 정말 그럴까? **결론부터 말하자면 그렇지 않다.** 무균 돼지란 부모세대부터 무균실에서 엄격하게 관리된 돼지를 말하며, 그런 돼지는 오직 실험에만 사용될 뿐 식용으로 쓰이지 않는다. 정육점에 나오는 일은 더 더구나 없다.

무균 돼지라 하면 보통 SPF 돼지를 말하는데, 청결한 환경에서 깨끗한 사료를 먹으며 자라 **'특정 병원균에 감염되지 않은 돼지'**일 뿐 **'완벽히 무균 상태인 돼지'는 절대로 아니다.** '건강한 돼지'나 '튼튼한 돼지'라는 표현이 더 옳을 듯하다. 따라서 SPF 돼지는 생으로 먹을 수 없다.

06

그 밖의 다양한 포유류 고기

양, 말, 사슴, 멧돼지, 고래……

소고기, 돼지고기 이외의 포유류 고기를 살펴보자.

최근 일본에서는 야생 동물이나 야생 조류의 고기를 먹는 **수렵육**이
유행이어서 인터넷 쇼핑몰 등을 통해 다양한 고기를 구입할 수 있다.

예전에 양고기는 칭기즈칸 요리(가운데가 봉긋 솟은 원형 철판에 채소와
고기를 함께 구워 먹는 요리로, 철판 모양이 칭기즈칸의 투구 같다고 해서 붙여
진 이름이다-옮긴이)로 먹는 경우가 대부분이었다. 하지만 독특한 냄새(누
린내)가 있어서 꺼리는 사람이 있었던 것도 사실이다. 양고기는 생후 12
개월 미만인 어린양을 램, 그 이상을 **머튼**이라고 부른다. 램은 육질이 부
드럽고 누린내가 거의 없어서 '램찹'(양갈비 스테이크-옮긴이) 등이 인기가

많다. 머튼의 누린내는 주로 지방 부위에서 나는데 냄새가 거슬리지만 않는다면 머튼의 풍미가 더 깊다는 말도 있다.

국제포경위원회가 상업 포경을 금지했기 때문에 현재 일본 시장에 나와 있는 고래 고기는 고래의 생태 조사를 명목으로 이루어진 조사 포경을 통해 얻은 것이다. 그래서 양이 제한적이다. 하지만 일본은 2019년에 이 위원회를 탈퇴했으므로 시장에 고래 고기가 늘어날 가능성이 있다.

현재 시장에 나와 있는 고래 고기의 품종은 참고래, 밍크고래, 보리고래, 브라이드고래, 망치고래 등 다양하다. 요리 종류도 베이컨, 장조림, 회, 소금 절임 등 여러 가지다. 고래 고기가 그만큼 일본인에게 중요한 단백질 공급원이었다는 의미다. 그러나 최근에는 젊은 층에서 고래 고기를 멀리하는 경향이 뚜렷하다.

말고기는 진홍빛 살결이 벚꽃과 비슷하다고 하여 일본에서 **사쿠라니쿠**(벚꽃고기라는 뜻-옮긴이)라고 불리기도 한다. 단백질이 많고 지방이 적어서 건강에 좋은 저칼로리 고기로 인기가 많다. 대부분 경마용으로 사육되다가 노령이나 부상 등으로 더 이상 경마를 버틸 수 없게 된 말이 식용으로 유통되는 것으로 보인다.

일반적이지는 않지만 사슴, 멧돼지, 곰, 토끼 같은 야생 동물의 고기도 식용으로 쓰인다. 다만 기생충이나 질병 등의 우려가 있다. 냉동 사슴회를 먹고 식중독 증상을 보이거나 토끼고기를 먹고 야생토끼병에 걸리는 일도 있다. 야생 동물의 고기는 되도록 생으로 먹지 말아야 한다.

가장 맛있는 고기가 사실은 쥐고기?

온몸이 비늘로 뒤덮인 천산갑은 멸종 위기종으로 지정된 포유류지만, 중국에서는 천산갑 고기에 약효가 있고 비늘에 마귀를 물리치는 효과가 있다고 여겨 밀렵이 끊이지 않는다고 한다.

천산갑   박쥐

무엇을 맛있어하고 무엇을 맛있다고 생각하는지는 사람마다 다르다. 그런데 '포유류 중에는 쥐가 가장 맛있다'는 설이 있다. 이 설이 널리 퍼진다면 시궁쥐는 모조리 잡아먹혀서 멸종해 버릴지도 모른다.

박쥐는 하늘을 날지만 어엿한 포유류다. 종류가 980종이 넘는다고 하니 맛은 종류에 따라 다를 듯도 하다. 날개 길이 2m에 달하는 큰박쥐류 일종인 과일박쥐는 상당히 맛이 좋다고 한다.

새고기는 건강식

저칼로리, 저지방이라 인기가 높다!

20세기 말, 뉴질랜드에 서식하는 개똥지빠귀 일종인 새의 고기에서 독이 발견되었다. 하지만 그 외에 먹으면 해로운 새는 아직 발견되지 않았다. 새고기, 특히 닭고기는 많은 사람이 좋아한다. 새고기라 하면 보통 닭고기를 가리킨다. 그런데 닭도 종류가 다양하다. 먼저 닭의 종류부터 알아보자.

- **샤모** 깃털이 다갈색인 대형 닭이다. 투계나 식용으로 쓰인다.
- **오골계** 소형 닭으로 영양가가 높다고 알려져 있다.
- **브로일러** 식육용 영계로 대규모 축사에서 사육된다.

- **토종닭** 특정 지역에서 예전부터 길러온 닭, 또는 멸종된 품종을 복원시킨 닭이다. 보통 '토종닭'이라고 표시하려면 품종, 사육 기간 등 조건을 충족해야 한다. 일본 토종닭으로는 나고야코친, 히나이지도리 등이 유명하다.

동네 정육점에서 파는 '새고기'는 대부분 닭고기다. 따라서 새의 종류보다는 닭고기의 부위별 차이가 중요하다. 소고기나 돼지고기와 마찬가지로 닭고기도 부위에 따라 고유한 이름이 붙어 있다.

- **가슴** 지방이 적어서 너무 오래 익히면 식감이 퍽퍽해진다. 서양에서는 인기가 가장 많은 부위지만, 일본에서는 별로 인기가 없다. 최근 들어서 **저칼로리, 저지방 다이어트 식재료**로 인기를 끌고 있다.
- **안심** 가슴살 가까이에 있는 부위로 지방이 적어 풍미가 담백하다. 대나무 잎과 생김새가 비슷해서 일본에서는 사사미(대나뭇살이라는 뜻-옮긴이)라고 부른다.
- **다리** 지방이 많고 붉은 기가 짙으며 풍미가 좋다.
- **날개** 살은 많지 않지만 젤라틴 성분과 지방이 많아서 튀김, 찜, 육수용으로 많이 쓰인다. 또 날개 살 일부를 칼로 발라내 뒤집어서 손으로 뼈를 잡고 먹을 수 있게 만든 튀김을 '튤립 가라아게'라고 부른다.

일반적이지는 않지만 일본에서는 닭 이외의 새고기도 식용으로 쓰인다. 대형 조류인 **칠면조**의 야생종은 빨간색과 파란색이 섞인 복잡한 색을 띠지만 식용으로 기르는 품종은 흰색이다. 지방질이 적어서 건강식품으로 꼽히며 구이나 훈제 등으로 요리한다. 서양에서는 크리스마스에 칠면조 요리가 빠지지 않는다.

일본 슈퍼마켓 등에서 판매되는 대부분의 **오리**고기는 청둥오리와 집오리의 교배종인 **아이가모**(合鴨)다. 가축인 집오리보다 체구가 작아서 고기양이 적고 성장하는 데 시간이 걸린다는 단점이 있다. 그래서 식육용으로 사육하기보다 잡초나 해충을 퇴치하기 위해 논에 풀어 두었다가 식용으로 쓰이는 경우가 많다고 한다. 아이가모는 다른 오리보다 지방이 많아 육질이 부드럽고 담백하다. 전골이나 구이로 요리한다.

타조, 뿔닭, 메추라기 등도 식용으로 쓰이지만 일반적이지는 않다.

일본에서는 야생 동식물 보호법에 따라 들새 포획이 제한되어 있다. 그래서 식용으로 쓰이는 들새는 일본꿩, 코퍼긴꼬리꿩, 차이니즈뱀부파트리지, 오리류, 도요새류, 참새 등으로 한정된다.

토끼가 새라고?

불교가 전래된 후 일본에서는 고기를 먹을 기회가 줄어들었던 듯하다. 그래도 헤이인 시대(794~1185) 귀족들 식단에 '사슴 육포'가 있는 걸 보면 육식이 완전히 끊이지는 않았던 모양이다.

하지만 일반인이 소나 돼지 같은 대형 짐승을 먹을 기회는 거의 없었고, 고작해야 토끼 정도였던 것 같다. 그래도 포유류를 먹는 데 죄의식이 있었는지 '토끼는 짐승이 아니라 새'라고 위안 삼았던 듯하다.

그 흔적이 토끼를 세는 방식에 남아 있다. 일본어로 새를 셀 때는 '깃 우(羽)'자를 쓰고 짐승을 셀 때는 '짝 필(匹)'자를 쓰는데, 유독 토끼만은 '깃 우'자를 쓴다. 길쭉한 귀를 날개깃에 빗대었나 보다.

08

육류의 영양가를 비교하자

소고기는 철분, 돼지고기는 비타민?

식품의 성분은 셀 수 없을 만큼 많지만 주요 성분은 단백질, 당류, 지방이고 미량 성분은 콜레스테롤, 비타민, 미네랄(주로 금속) 등이 있다. **육류의 영양가는 단백질이 풍부하다는 특징**이 있다. 육류를 구성하는 성분을 다음에 나오는 도표에 정리되어 있다.

소고기는 뛰어난 고단백 식품으로 특히 헤모글로빈, 즉 철분이 많다는 특징이 있다. 빈혈이 있는 사람에게 추천한다. 그러나 다음 표를 보면 알 수 있듯 각 영양분의 함량은 부위에 따라 차이가 크다.

일단 총지방량을 보면 등심(52g)과 우둔살(29g)의 차이가 크다. 지방에는 포화 지방산과 불포화 지방산(4장 참조)이 있는데, 육류는 채소나 어패류에 비해 포화 지방산이 많다. 소고기는 어느 부위든 총지방량에서 포화 지방산이 차지하는 비율이 33% 정도다. 등심과 우둔살은 칼로리 차이도 크다. 비계가 많은 등심(539kcal)이 살코기가 많은 우둔살(343kcal)보다 칼로리가 높은 것은 당연한 일이다. 더불어 단백질의 양도

[그림 2-6]　소고기, 돼지고기, 닭고기, 그 외 고기의 영양 성분

100g당

		칼로리 kcal	수분 g	단백질 g	총지방 g	포화 지방산 g	콜레스테롤 mg	식염 상당량 g	철분 mg
소 (교잡종)	등심	539	36.2	12.0	51.8	18.15	88	0.1	1.2
	양지	470	41.4	12.2	44.4	14.13	98	0.2	1.4
	우둔살	343	53.9	16.4	28.9	9.63	85	0.2	2.1
돼지	목심	253	62.6	17.1	19.2	7.26	69	0.1	0.6
	삼겹살	395	49.4	14.4	35.4	14.6	70	0.1	0.6
	뒷다리	183	68.1	20.5	10.2	9.5	67	0.1	0.7
닭	가슴살 (껍질 포함)	244	62.6	19.5	17.2	5.19	86	0.1	0.3
	다리 (껍질 포함)	253	62.9	17.3	19.1	5.67	90	0.1	0.9
	안심	114	73.2	24.6	1.1	0.23	52	0.1	0.6
양(램)	어깨	233	64.8	17.1	17.1	7.62	80	0.2	2.2
	고래 (살코기)	106	74.3	24.1	0.4	0.08	38	0.2	2.5
	말(살코기)	110	76.1	20.1	2.5	0.80	65	0.1	4.3

일본 식품표준성분표(제7개정판)에서

제 2 장　육류는 단백질의 보고다!

우둔살이 더 많다. 콜레스테롤은 양지가 98mg, 우둔살이 85mg으로 둘 다 상당히 높은 수치다.

돼지고기도 소고기와 마찬가지로 영양 균형이 잘 잡힌 훌륭한 식품이다. 특히 **돼지고기는 비타민 B1을 비롯한 비타민 B군과 아연, 철분, 칼륨 등이 풍부**하다. 돼지고기의 칼로리는 보통 소고기보다 낮지만 단백질량은 소고기보다 많다. 따라서 **돼지고기는 소고기에 비해 '저칼로리, 고단백 식품'**이라고 할 수 있다. 포화 지방산과 콜레스테롤도 소고기보다 낮다. 다만 철분은 소고기의 절반에서 1/3로 상당히 낮다.

닭고기의 영양가는 부위에 따라 차이가 크다. 칼로리는 소고기나 돼지고기보다 낮은 반면 단백질 함량은 높으므로 닭고기도 저칼로리, 고단백 식품이다. 다만 콜레스테롤은 조금 높은 편이다. **닭 안심은 고기라는 게 믿기지 않을 만큼 저칼로리인 데다가 단백질이 소고기나 돼지고기보다 많다.** 게다가 지방은 1.1g으로 적다. 콜레스테롤도 낮으므로 아주 훌륭한 고기라고 할 수 있다.

양고기(램)는 저칼로리, 고단백, 저지방 식품이지만 콜레스테롤은 소고기, 돼지고기와 비슷하다. 말고기도 저칼로리, 고단백이다. 콜레스테롤도 낮지만 철 함유량이 어떤 고기보다 높다. 고래 고기는 말고기와 비슷하지만 지방이 더 적고 콜레스테롤은 육류 중에 가장 낮다.

09

단백질은 어떤 역할을 할까?

생명 활동의 중심을 담당하는 단백질

고기의 주성분은 단백질이다. 만약 단백질을 근육의 주성분이며 고기구이의 주인공이라고만 생각한다면 단백질에게는 모욕에 가깝다. **단백질은 근육으로서 동물의 몸을 구성할 뿐 아니라 각종 효소로서 '생명 활동의 중심'** 역할을 하기 때문이다. 효소가 없다면 생명체는 단 1초도 살 수 없다. 그 정도로 중요하다.

단백질은 대단히 긴 분자다. 아미노산이라는 작은 단위 분자가 수백, 수천 개나 연결되어 있기 때문이다. 이러한 분자를 보통 고분자라고 하며 폴리에틸렌과 PET가 유명하다. 단백질과 녹말, 셀룰로스 등도 고분자인데, 이처럼 자연적으로 존재하는 고분자를 천연 고분자라고 한다.

모든 천연 고분자는 입을 통해 체내에 들어가면 **가수분해되어** 단위 분자로 분해된다.

단백질이 분해되어 생기는 아미노산은 중심에 있는 탄소에 4개의 다른 원자단(치환기)인 R, H(수소), NH₂(아미노기), COOH(카복실기)가 붙어 있는 분자다. R이라는 기호는 임의의 원자단을 가리키며, R의 차이가 곧 각 아미노산의 차이가 된다. 인간의 경우 몸을 구성하는 아미노산은 20종밖에 없다.

인간은 체내에서 아미노산을 다른 아미노산으로 만들 수 있다. 하지만 만들 수 없는 아미노산도 있다. 이런 아미노산은 음식으로 섭취해야만 한다. 이것을 **필수 아미노산**이라고 하며 총 9종류가 있다.

단백질은 수많은 아미노산이 결합한 천연 고분자다. 그런데 수많은 아미노산이 결합했다고 해서 모두 단백질은 아니며, 그렇게 단순하지도 않다.

아미노산은 서로 결합할 수 있다. 수백 개나 되는 아미노산이 결합해서 생긴 기다란 끈 모양의 분자, 즉 천연 고분자를 **폴리펩타이드**라고 한다. **'폴리(poly)'란 그리스어로 '많은'이라는 뜻**이다. 폴리에틸렌의 폴리와 동일하다. 단백질의 구조에서는 어떤 아미노산이 어떤 순서로 결합했는지가 가장 중요하다. 이것을 전문 용어로는 단백질의 평면 구조 또는 1차

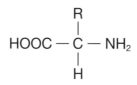

[그림 2-7] 9가지 필수 아미노산과 11가지 비필수 아미노산(아미노산 구조식 위치)

필수 아미노산	
이름	약어
발린	Val
류신	Leu
아이소류신	Ile
리신(라이신)	Lys
메싸이오닌	Met
페닐알라닌	Phe
트레오닌	Thr
트립토판	Trp
히스티딘	His

비필수 아미노산	
이름	약어
글리신	Gly
알라닌	Ala
아르지닌	Arg
시스테인	Cys
아스파라긴	Asn
아스파라긴산	Asp
글루타민	Gln
글루탐산	Glu
세린	Ser
타이로신(티로신)	Tyr
프롤린	Pro

구조라고 한다.

그렇다면 '폴리펩타이드 = 단백질'이 될 것 같지만 그렇지 않다. 폴리펩타이드 중에서 특별한 폴리펩타이드, 말하자면 **엘리트 폴리펩타이드만 단백질이라고 불린다.**

엘리트의 조건은 바로 입체 구조다. 단백질은 폴리펩타이드의 끈이 정확히 재현할 수 있게 접히는 것이 중요하다. 이 접힘으로 인해 단백질로서 기능이 발현된다. 단백질 입체 구조의 예를 〈그림 2-8〉로 나타냈다. 알파 나선은 폴리펩타이드 사슬이 나선형으로 된 부분, 베타 병풍은 폴리펩타이드 사슬이 평행으로 늘어서서 평면형으로 된 부분이며, 무작위 코일은 두 부분을 연결하는 부분이다.

한때 큰 사회 문제로 떠올랐던 광우병은 이 접힘과 관련이 있다. 광우병의 원인은 프라이온(프리온)이라는 단백질이었다. 프라이온 단백질의 기능은 아직 확실히 밝혀지지 않은 부분이 많지만, 많은 동물에게 존재하고 무언가 유용한 기능을 담당한다. 그런데 어떤 이유로 프라이온의

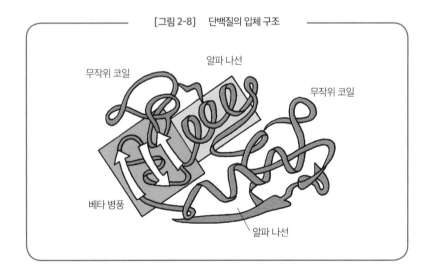

[그림 2-8] 단백질의 입체 구조

입체 구조가 비정상적으로 바뀌면서 변형 프라이온이 생긴다. 변형 프라이온은 뇌를 파괴하여 스펀지처럼 구멍이 뚫린 형태로 바꿔 버린다. 게다가 정상 프라이온까지 변형 프라이온으로 바꿔 버린다. 이것이 광우병의 원인이었다.

단백질의 입체 구조는 매우 복잡하고 섬세해서 가열하거나 산, 알코올 같은 화학물질로 처리하면 망가져 버린다. 그리고 이렇게 되면 단백질의 기능을 잃게 된다(변성). 일단 변성된 단백질은 원래대로 돌아가지 않는다. 삶아서 단단해진 달걀은 온도를 낮춰도 원래의 날달걀로 되돌아가지 않는다. 다시 말해 삶은 달걀은 열변성한 것이다.

단백질에는 여러 종류가 있다. 먼저 식물에 함유된 **식물성 단백질**과 동물에 함유된 **동물성 단백질**로 나눌 수 있다.

동물성 단백질에는 효소나 헤모글로빈 같은 기능성 단백질과 몸을 구성하는 구조 단백질이 있다. 구조 단백질 중에는 털, 손톱 등을 구성하는 케라틴과 힘줄, 근육 등을 구성하는 콜라겐이 유명하다. 콜라겐은 몸을 구성하는 중요한 단백질로, 동물 몸의 전체 단백질 중 1/3이 콜라겐이라고 알려져 있다.

케라틴도 콜라겐도 분해되면 모두 20가지 아미노산이다. 탈모를 예방하기 위해 케라틴이 들어 있는 털이나 손톱을 먹겠다는 사람은 없다. 콜라겐도 마찬가지다. 먹으면 분해되어 아미노산이 될 뿐이다. 또다시 콜라겐으로 부활할 확률은 다른 단백질과 마찬가지로 1/3이다.

뱀술의 독성분은 어떻게 될까?

독극물에는 복어 독처럼 일반적인 분자 구조를 가진 독(저분자 독소)과 세균이 내뿜는 독 같은 단백질 독(단백질 독소)이 있다.

살무사 같은 독사의 독은 대부분 단백질 독소다. 따라서 살무사나 반시뱀(오키나와에 서식하는 독사-옮긴이)을 소주에 담그면 단백질 독소가 알코올로 인해 변성되어 (언젠가는……) 독성을 잃는다. 다만 그게 언제일지는 확실하지 않다. 어떤 결과든 감당하겠다는 각오로 확인하는 수밖에 없다.

또 독성을 잃은 결과물(폴리펩타이드)이 건강이나 정력에 효과가 있을지 미지수다. 모든 결과를 기꺼이 받아들이겠다는 마음으로 확인하는 수밖에 없겠다.

10

고기의 열변성이란?

온도 변화에 따라 달라지는 고기의 특성

고기를 조리할 때 단백질에 일어나는 변화는 열에 의한 변성이다(열변성). 고기는 대부분 동물의 근육으로 이루어져 있고, 근육은 단백질이 여러 형태로 모여 있는 집단이다. 그래서 고기를 조리할 때는 고기 특유의 복잡한 문제가 발생한다.

〈그림 2-9〉는 근육의 구조를 입체적으로 그린 그림이다. 근육은 근섬유라고 불리는 세포가 콜라겐 막으로 묶인 구조로 이루어져 있다. 그리고 근섬유는 긴 섬유 모양의 근원섬유 단백질과 그 사이를 채운 공 모양의 근형질 단백질이라는 2가지 단백질로 구성되어 있다.

고기를 가열하면 온도에 따라 질감이 달라진다. **60℃까지는 온도가 높아**

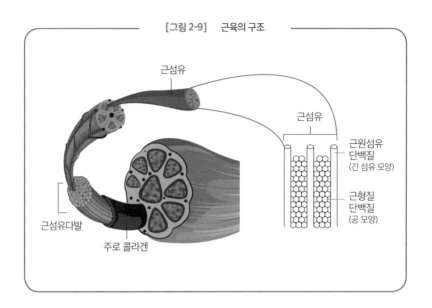

[그림 2-9] 근육의 구조

근섬유

근섬유

근원섬유 단백질 (긴 섬유 모양)

근형질 단백질 (공 모양)

근섬유다발

주로 콜라겐

짐에 따라 서서히 부드러워진다. 60℃를 넘으면 급격히 단단해지지만, 75℃를 넘

으면 다시 부드러워진다.

 이렇게 신기한 변화는 왜 일어나는 걸까? 이유는 근육을 구성하는 3

가지 단백질인 콜라겐, 근원섬유 단백질, 근형질 단백질이 각각 열변성

하는 온도가 다르기 때문이다. 각 단백질의 온도별 변화는 다음과 같다.

- 45~50℃: 근원섬유 단백질이 열에 응고
- 55~60℃: 근형질 단백질이 열에 응고
- 65℃: 콜라겐이 수축하여 원래 길이의 1/3로 줄어듦

• 75℃: 콜라겐이 분해되어 젤라틴으로 변화

고기를 가열했을 때 질감의 변화와 가열 온도의 관계는 〈그림 2-10〉 그래프와 같다. 앞에서 살펴본 3가지 단백질의 열변성 온도를 비교해보면 질감이 변화하는 원인을 알 수 있다.

요컨대 고기를 가열하는 온도가 높아지면 근원섬유 단백질은 단단해지지만 근형질 단백질은 아직 응고하지 않았으므로 씹었을 때 부드럽게

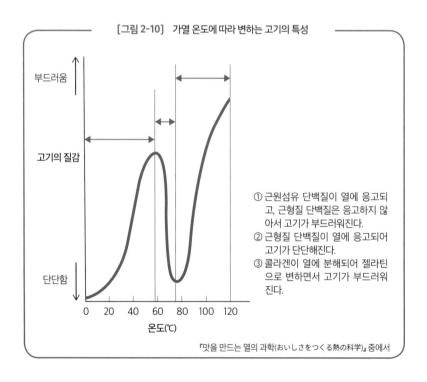

[그림 2-10] 가열 온도에 따라 변하는 고기의 특성

① 근원섬유 단백질이 열에 응고되고, 근형질 단백질은 응고하지 않아서 고기가 부드러워진다.
② 근형질 단백질이 열에 응고되어 고기가 단단해진다.
③ 콜라겐이 열에 분해되어 젤라틴으로 변하면서 고기가 부드러워진다.

『맛을 만드는 열의 과학(おいしさをつくる熱の科学)』 중에서

느껴진다. 그러나 60℃를 넘으면 근형질 단백질도 응고하기 때문에 고기 전체가 단단해진다. 그리고 65℃를 넘으면 콜라겐이 수축하면서 고기가 더욱 단단해진다.

그런데 75℃를 넘으면 콜라겐이 분해되어 젤라틴으로 변하므로 고기는 다시 부드러워진다. 그 상태에서 더 가열하면 콜라겐이 계속 분해되면서 점점 더 부드러워진다. 고기를 오랫동안 푹 삶은 국물을 식히면 젤리처럼 변하는데, 콜라겐이 분해되어 국물에 녹아있기 때문에 나타나는 현상이다. 하지만 너무 오래 끓이면 콜라겐 막이 녹아내리고 근섬유가 부서져 고기가 퍼석퍼석해지므로 풍미도 사라질 수 있다.

핵산과 아미노산의 감칠맛

생물의 가장 중요한 기능은 유전이다. 핵산은 유전을 관장하는 분자로 DNA와 RNA, 2종류가 있다. 둘 다 뉴클레오타이드라는 단위 분자 4종류가 결합한 천연 고분자다.

핵산도 먹어서 위로 들어가면 가수분해되어 4가지 단위 분자로 쪼개진다. 그 중 하나인 이노신산은 가다랑어포의 감칠맛을, 또 다른 하나인 구아닐산은 표고 버섯의 감칠맛을 내는 성분이다. 그래서 이 둘을 핵산 계열의 감칠맛 성분이라고 한다.

반면 아지노모토(한국의 미원과 비슷한 조미료-옮긴이)로 널리 알려진 글루탐산 은 아미노산, 즉 단백질 성분이다. 그래서 글루탐산은 아미노산 계열의 감칠맛 성 분이라고 한다.

이렇듯 똑같이 '산'이라는 이름이 붙어 있지만 기원은 엄연히 다르다.

[그림 2-11] 3가지 감칠맛 성분의 기원이 다르다고?

핵산의 감칠맛

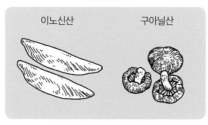

이노신산   구아닐산

가다랑어포   말린 표고버섯

아미노산의 감칠맛

글루탐산

다시마

고기 제품을 알아보자

소시지와 햄은 뭐가 다를까?

고기는 맛있고 영양이 풍부한 신선식품이지만 상온에 두면 상한다. 그래서 오래 보관할 수 있는 여러 가지 대책이 생겨났다. 그렇게 만들어진 가공식품 중 하나가 생햄이다. 생햄은 돼지 뒷다릿살을 소금에 절인 식품이다. 만드는 방법은 돼지고기를 통째로 소금이나 소금물에 절여 적당한 기간 숙성시킨다. 그 후 씻어서 소금기를 뺀 다음 온도와 습도를 일정하게 조절한 건조실로 옮겨 다시 숙성시킨다. 이렇게 몇 개월, 길게는 몇 년 동안 숙성시켜 완성한다.

한국이나 일본에서 흔히 접할 수 있는 생햄이 아닌 햄은 소금기를 뺀 고기를 가열해서 건조한 제품이다. 프레스 햄은 다진 고기를 압착 가공

(프레스)해서 만드는데, 소시지나 다름없는 제품이다. **햄은 고기를 덩어리째 사용하고 소시지는 잘게 다진 고기를 사용한다는 차이**가 있다. 소시지는 햄을 만들 때 나온 자투리 고기를 다져서 돼지나 양의 창자에 채워 넣고 훈제한 다음 데쳐서 완성한다.

베이컨은 돼지고기 삼겹살을 소금에 절인 후 물에 담가 소금기를 빼고 훈제한 식품이다. 생햄과 비슷하지만 차이는 고기 부위(뒷다릿살과 삼겹살)와 훈제 여부다.

콘비프의 '콘'은 'corned'에서 온 말로 소금에 절였다는 뜻이다. 콘비프는 원래 '소금에 절인 소고기'를 말한다. 일본에서는 콘비프 하면 캔에 든 통조림 고기를 떠올리지만 서양의 콘비프는 통조림통에 들어있지 않다. 하지만 일본농림규격(JAS, 농림 축수산물과 그 가공품에 관한 품질 보증 규격으로, 한국의 KS 마크와 비슷-옮긴이)에서는 '소고기를 소금에 절여 가열한 후 살을 바르거나 바르지 않고 (캔 또는 병에) 담은 것'이라고 정의한다. 그래서 일본의 콘비프는 지금과 같은 형태가 된 것이다. 콘비프는 일본식 서양 식품이라고 볼 수 있다.

일본에서 오키나와 향토 음식처럼 여겨지는 런천미트는 **스팸**이라고도 불린다. 소시지미트라는 별명에서도 알 수 있듯 런천미트(스팸)의 본질은 소시지다. 조미료와 향신료를 넣은 다진 돼지고기나 양고기를 통조림 틀에 담아 가열해서 만든 제품이다.

제 3 장

어패류는 고단백, 저칼로리, 저지방의 건강 식재료

12

어류의 종류와 특징을 알아보자!

연어의 살이 원래 흰색이라고?

많은 어패류가 식용으로 쓰인다. 특히 어류는 대부분 식용이라고 봐도 좋은데, 종류가 많은 만큼 분류하는 방식도 다양하다. 일반적으로는 꽁치나 참치처럼 해양 곳곳을 헤엄쳐 다니는 회유어, 넙치나 자바리처럼 한곳에 머무는 근어, 깊은 바다에 사는 심해어 등으로 분류하지만, 식재료로서는 **붉은살생선, 흰살생선**이라고 분류하기도 한다.

보통 도미나 넙치처럼 살 색깔이 하얀 생선을 흰살생선, 참다랑어나 가다랑어처럼 살 색깔이 붉은 생선을 붉은살생선이라고 한다. **생선의 살 색깔이 다른 이유는 근육의 구조 차이** 때문이다. 생선의 근육은 콜라겐으로 이루어진 결합 조직(근절 중격)에 의해 분리된 짧은 근섬유가 층층이 이

제 3 장 어패류는 고단백, 저칼로리, 저지방의 건강 식재료

어져 있다.

근육에는 순발력을 담당하는 백근 섬유(백색근)와 지속적인 운동을 담당하는 적근 섬유(적색근)가 있다. 참다랑어처럼 쉬지 않고 빠른 속도로 헤엄치는 물고기는 적색근의 비율이 높아서 살이 붉다. 게다가 계속 헤엄치려면 산소가 끊임없이 공급돼야 하는데, 그러려면 산소를 운반하는 단백질인 미오글로빈이 필요하다. 미오글로빈도 헤모글로빈과 마찬가지로 붉은색을 띤다. 그래서 회유어의 살은 더욱 붉어진다.

붉은살생선의 또 다른 특징은 건강에 좋다고 알려진 오메가(ω)-3 지방산과 두뇌에 좋다고 알려진 EPA(IPA), DHA 같은 지방산이 많이 들었다는 점이다. 이들 지방산에 관해서는 지방의 과학을 다루는 4장에서 자세히 살펴보겠다.

회유어는 등이 파래서 등푸른생선이라고 불리기도 한다. 보통 **등푸른생선**이라고 하면 고등어, 정어리, 꽁치 등 소형 생선을 가리키는 경우가 많은데, 다랑어(참치)나 방어 등의 대형 어종도 포함된다. 다만 다랑어나 방어를 등푸른생선이라고 부르는 일은 거의 없다. 회유어는 다음과 같다.

- **다랑어** 가장 큰 회유어로 태평양참다랑어, 황다랑어, 눈다랑어, 날개다랑어 등 종류가 많다. 태평양참다랑어는 개체 수가 크게 줄어 문제가 되면서 양식이 점점 활발해지고 있다.
- **가다랑어** 회, 불에 겉면만 살짝 구워 먹는 요리인 다타키, 혹은 가

다랑어포의 원재료로 익숙한 생선이다.

- **고등어**　일본에서 예로부터 즐겨 먹은 생선인데, 최근 들어 고등어 통조림이 영양 면에서 재조명받으면서 판매가 늘었다고 한다.
- **꽁치**　최근 들어 외국 어선단이 일본 근해에서 대량으로 포획하면서 어획량이 감소하는 추세다(한국 역시 어획량이 감소하는 추세-옮긴이).
- **정어리**　유럽정어리, 태평양정어리, 태평양멸치, 눈퉁멸 등 종류가 다양하다. 양식어의 사료로도 많이 쓰인다. 옛날에는 농업용 비료로도 쓰였다.

해저에 숨어 있다가 작은 물고기가 눈앞에 다가왔을 때 순식간에 덤벼들어 잡아먹는 넙치나 쏨벵이 같은 생선은 회유어와 달리 백근 섬유가 많아서 살이 하얗다. 회유하는 성질이 없는 민물고기는 거의 다 흰살생선이다.

연어와 송어는 붉은살생선으로 알려져 있지만 흰살생선으로 분류된다. 연어와 송어의 살이 붉은 이유는 적색근이나 미오글로빈 때문이 아니라 먹이인 갑각류에 들어 있는 **아스타크산틴**이라는 색소의 축적으로 인한 것이기 때문이다. 양식 연어의 먹이에 아스타크산틴을 넣지 않으면 살이 하얀 연어로 성장한다.

흰살생선은 적색근보다 백색근의 비율이 높아서 **콜라겐**이 많이 들어 있다. 콜라겐은 익히면 녹아버리기 때문에 흰살생선의 살은 보통 잘 흐

제 3 장 어패류는 고단백, 저칼로리, 저지방의 건강 식재료

트러진다. 냉동한 흰살생선을 해동했을 때 효소의 작용으로 세포막이 파괴되어 살이 녹아버리는 일도 있다고 한다.

보통 흰살생선은 붉은살생선보다 지방이 적고 칼로리가 낮아서 맛이 심심한 편이다. 흰살생선의 풍미는 담백하다고 알려져 있지만, 바닷물고 기와 민물고기는 서로 차이가 있다. 대체로 바다에 서식하는 흰살생선이 더 담백하지만, **해안 가까이에서 잡힌 생선은 해조류 등이 만들어내는 브로모 페놀이라는 브롬 화합물을 함유하고 있어 소위 말하는 '갯내'가 나기도 한다.**

반면에 감성돔, 농어처럼 민물 지역이나 민물과 바닷물이 만나는 기수 지역에 서식하는 물고기는 흙내 등의 냄새가 느껴질 수 있다. 또 신선도 가 떨어져도 바닷물고기에 비해 풍미에 영향이 적다는 특징이 있다. 주

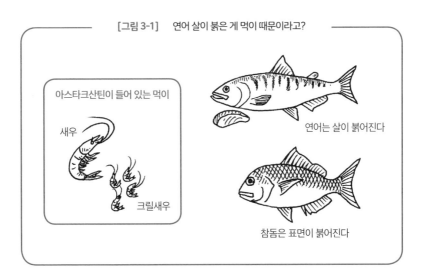

[그림 3-1] 연어 살이 붉은 게 먹이 때문이라고?

아스타크산틴이 들어 있는 먹이

새우

크릴새우

연어는 살이 붉어진다

참돔은 표면이 붉어진다

요 흰살생선과 민물고기는 다음과 같다.

- **도미** 일본에서는 생선의 왕으로 꼽힌다. 최근 들어 양식이 활발해지면서 가격도 일반 생선 수준으로 떨어졌다.
- **넙치** 회, 구이, 조림, 건어물 등 모든 요리에 어울린다.
- **보리멸** 작고 길쭉한 생선으로 회, 탕, 튀김 등에 많이 쓰인다.
- **자바리** 몸길이가 1m를 넘는 대형종이다. 고급 생선으로 유명하며 최근에는 양식도 이루어지고 있다. 회, 전골, 조림에 쓰인다.
- **복어** 독을 가진 생선이지만 독이 없는 종류도 있고, 또 독을 가지고 있어도 독이 없는 부위를 골라 먹을 수 있어 다루기 힘든 생선이다. 비전문가는 절대 요리하지 말아야 한다.
- **은어** 초여름의 별미로 유명하며 수명은 보통 1년이다. 매년 어린 은어가 바다로 내려갔다가 일정한 시기에 하천으로 돌아오는데, 이 시기가 되면 낚시꾼들은 살아 있는 은어를 미끼로 꿰어 다른 은어를 유인하는 놀림낚시를 즐긴다.
- **잉어** 다 크면 1m 가까이 되어 민물고기의 왕으로 꼽힌다. 최근에는 외국에서 들어온 잉어가 많아져서 일본 고유종이 줄어들었다고 한다. 일본에서는 잉어 된장국, 간장조림, 아라이 회(얇게 포를 떠서 얼음물에 식힌 후 얼음에 올려 먹는 회-옮긴이) 등으로 먹는다.
- **뱀장어** 일본인이 즐겨 먹는 생선이지만 최근에는 개체수가 감소해

서 대부분 양식이다. 그런데 어린 뱀장어조차 줄어들면서 위기에 몰려 있다. 산란부터 시작하는 완전 양식에 기대가 쏠리고 있지만 아직 실용 단계에는 이르지 못했다(기존 양식은 어린 뱀장어를 잡아서 기르는 형태다-옮긴이).

최근 들어서는 심해어 수요가 늘고 있다. 보통 200m보다 깊은 바다에 사는 물고기를 심해어라고 하는데, 수많은 심해어가 수직으로 이동하다 보니 얕은 곳에서 잡히기도 한다. 평소 흔히 먹는 종류도 많다.

- **금눈돔** 몸이 붉고 눈이 크다. 지방이 많아 조림으로 하면 맛있다.
- **홍살치** 몸이 붉고 원통 모양인 고급 생선이다. 조림으로 요리한다.
- **아귀** 대형 생선으로 전골 요리가 유명하다. 특히 간이 맛있다.
- **파랑눈매퉁이** 몸길이가 10cm 정도로 튀김 요리에 적합하다.
- **샛멸** 보리멸과 비슷하게 생겼지만 보리멸만큼 고급스럽게 생기지는 않는다. 으깨서 된장국에 넣으면 맛이 그만이다.

그 밖에 생선은 아니지만 무당게, 대게 등 대부분의 게류와 물문어, 매오징어 등도 심해에 사는 생물이다.

13

조개는 어떤
종류와 특징이 있을까?

조개의 감칠맛은 술과 똑같은 숙신산

물속에서 잡히는 자연식품은 생선뿐만이 아니다. 오징어, 문어, 조개류 같은 연체동물이나 파충류, 양서류도 있다. 조개는 중요한 해산 식품이다. 조개에는 바지락이나 대합 같은 쌍각류와 소라나 쇠고둥 같은 고둥류가 있다. 조개류에는 특유의 감칠맛이 있는데, 그 맛은 **사케의 감칠맛 성분이기도 한 숙신산**에서 나온다고 알려져 있다.

갓 잡은 쌍각류 조개는 모래를 머금고 있어서 바닷물 농도(3%) 정도로 맞춘 소금물에 몇 시간 담가 두어 모래를 빼내야 한다. 주요 쌍각류 조개는 다음과 같다.

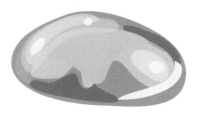

[그림 3-2]　호박을 건식 증류하다가 발견된 숙신산

$$CH_2 - COOH$$
$$|$$
$$CH_2 - COOH$$

조개의 감칠맛은 숙신산

- **대합**　대형 조개로 조개구이, 국 등에 사용한다.
- **가리비**　크고 납작하게 생긴 대형 조개다. 회, 구이 등에 사용한다.
- **재첩**　소형 조개로 된장국 등에 넣는다.
- **굴**　생으로 먹거나 튀김, 구이 등으로 먹는다.

고둥은 나선형 껍데기에 들어있는 조개를 말하는데 전복처럼 납작한 종류도 있다. 나선의 회전 방향은 종에 따라 정해져 있으며, 태풍 소용돌이의 눈과 달리 지구 자전과는 아무런 관련이 없다.

- **전복**　고급 조개로 회, 스테이크 등에 적합하다.
- **쇠고둥**　특유의 감칠맛이 있어서 회로 먹거나 담백하게 삶아서 먹는다.

- **소라** 꽉 다물어진 뚜껑을 여는 게 힘들다. 회나 구이로 먹는다.

조개류를 뺀다면 연체동물의 대표는 오징어와 문어일 것이다. 이카야키(달고 짜게 양념한 오징어 통구이-옮긴이)와 다코야키(다진 문어를 넣고 구운 일본식 풀빵-옮긴이)는 축제 노점상의 대표 메뉴다. 오징어와 문어는 저지방, 고단백, 저칼로리인 훌륭한 식품이다.

오징어는 소형인 매오징어부터 대형인 지느러미오징어와 대왕오징어까지 매우 다양하다. 매오징어는 몸에서 빛을 내는 발광 생물로 유명하다. 대왕오징어는 심해에 사는 오징어로, 기록에 남아 있는 가장 큰 것은 촉완(다리 사이로 길게 뻗은 먹이 포획용 더듬이 팔 1쌍-옮긴이)을 포함한 전체 길이가 18m나 된다. 어획량이 가장 많은 살오징어는 회로 먹어도 좋고 삶거나 구워 먹어도 맛있다. **마른오징어 표면에는 하얀 가루가 붙어 있는데, 이 가루는 단백질의 일종인 타우린의 결정체다.**

문어의 몸은 대부분 근육으로 이루어져 있다. 몸에서 단단한 부분은 눈알 사이에 있는 뇌를 감싼 연골과 주둥이뿐이다. 그래서 비좁은 틈으로도 빠져나갈 수 있다. 문어는 지능이 높아서 가장 똑똑한 무척추동물이라고 불리기도 한다. 뚜껑을 돌려 열어야 하는 유리병에 먹이를 담아두면 시각으로 인식해서 뚜껑을 열고 먹이를 집는다고 한다. 또 몸을 보호하기 위해 주변 환경에 맞춰 몸 색깔과 형태를 바꾸는데, 그 색깔과 형태를 2년 정도 기억한다고 한다. 맛이 좋고 국물이 잘 우러나서 회나

조림 등으로 먹는다.

해삼은 무척추동물치고는 크게 자라는 편이다. 가장 큰 해삼인 큰닻해삼은 몸길이 4.5m에 몸통 지름이 10cm에 달한다. 하지만 한국과 일본 주변 해역에 서식해 식용으로 쓰이는 종류는 몸길이 20cm 정도인 돌기해삼이다. 돌기해삼은 몸 색깔에 따라 흑해삼, 홍해삼, 청해삼으로 나뉘는데 **홍해삼**이 최상급으로 꼽힌다.

14

식재료로서
갑각류의 특징은?

자연 치유력을 높여주는 키틴질

갑각류는 식용으로 쓰이는 종류가 많지 않지만, 새우나 게처럼 식탁을 다채롭게 하는 식재료가 포함되어 있다.

새우는 벚꽃새우처럼 작은 종류부터 닭새우나 바닷가재처럼 큰 종류까지 다양하다. **새우살의 30%는 단백질이고 나머지는 수분으로 이루어져 있다. 즉 지방과 당분은 거의 0%**다. 고단백의 모범이라고 할 만한 식품이다.

새우 껍질에는 칼슘, 비타민 E 등의 영양소가 풍부한데, 무엇보다 키틴, 키토산 같은 키틴질에 주목해야 한다. **키틴질은 체내 면역력을 키우고 자연 치유력을 높이는 작용을 해서 혈압과 혈중 콜레스테롤을 낮추는 등의 효과가** 있다.

닭새우는 일본 근해에서 잡히는 새우 중에 크기가 가장 크며, 일본에서는 새해 첫날 한 해의 행운을 기원하는 상징으로 먹는 음식 중 하나다. 보리새우는 표면에 가로로 줄무늬가 있는데, 몸을 동그랗게 말면 그 무늬가 수레바퀴처럼 보인다고 해서 일본에서는 구루마에비(수레바퀴새우라는 뜻-옮긴이)라는 이름으로 불린다. 주로 튀김 요리에 쓰인다. 단새우는 맛이 달다고 해서 붙여진 이름이다. 크릴새우는 벚꽃새우와 비슷하게 생겨서 벚꽃새우가 잘 잡히지 않을 때 대용으로 쓰인다.

최근에는 아시아 여러 국가에서 각종 새우를 양식하면서 저렴하게 수입되어 가정에서 새우 요리를 맛볼 기회가 늘어났다.

게는 영양 면에서 보자면 새우와 거의 같다. 무당게는 키다리게 다음으로 크기가 크다. 보통 **게의 다리는 10개라고 알려져 있는데, 무당게와 털게는 집게발을 포함해도 8개뿐이다.** 그래서 무당게와 털게는 생물학적으로 게

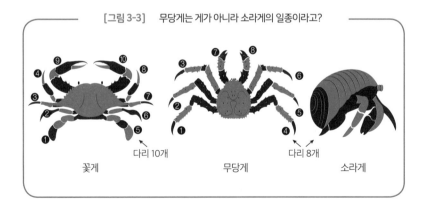

[그림 3-3] 무당게는 게가 아니라 소라게의 일종이라고?

꽃게   다리 10개   무당게   다리 8개   소라게

가 아니라 '소라게의 일종'으로 분류된다.

대게는 일본 근해에서 많이 잡히는 종류다. 배가 흰색인 홍대게와 붉은색인 홍게가 있는데 맛은 홍대게가 더 좋다. 일본에서는 마쓰바 대게, 에치젠 대게 등 대게가 잡힌 지역 이름을 붙여 브랜드화되어 있다.

주로 일본 북부 지방에서 잡히는 털게는 온몸에 짧은 털이 돋아나 있다. 여름에도 잡힌다. 꽃게는 다리에 살이 없지만 등딱지 내부의 살과 빨갛고 맛이 진한 암게의 난소가 진미다.

민물에 사는 참게는 등딱지 주위와 다리에 털이 돋아 있다. 중국 상하이털게의 근연종이며 맛이 좋기로 유명하다.

15

피부 미용에는
자라가 좋다고?

콜라겐이 풍부해서 생피도 마신다고?

거북이의 일종인 자라는 등딱지가 딱딱하지 않고 부드럽다는 특징이 있
다. 등딱지에는 콜라겐이 풍부해서 피부 미용에 좋다고 알려져 있다. 생
피는 사케에 타서 마시기도 한다.

개구리 넓적다리를 튀긴 것을 다가모(田鴨)라고 하며 먹기도 한다. 여름
철 교외에서 황소와 비슷한 소리로 우는 황소개구리는 제2차 세계 대전
전에 식용으로 수입되었다가 야생에서 번식했다(한국에서는 1970년대에
양식용으로 수입되었다가 야생화했다-옮긴이).

최근에는 많이 사라졌지만 일본에는 곤충을 먹는 문화도 있었다.
1960년 무렵까지는 논에 메뚜기가 엄청나게 많았다. 그 당시에는 메뚜기

를 잡아서 뒷다리와 날개를 떼어 낸 다음 간장과 설탕을 넣고 조려 먹었다. 일본 중부 내륙 지방인 나가노현에서는 벌의 유충에 간장과 설탕을 넣어 조려 먹으며, 예전에는 번데기도 먹었다.

세계적으로 보면 곤충식은 그리 희귀한 일이 아니다. **곤충은 '고단백, 저칼로리, 저지방'인 훌륭한 식품**이라고 한다. 현재까지 알려진 생물 160만 종 가운데 110만 종이 곤충이다. 게다가 지구상의 개미를 모두 합치면 인류의 총 몸무게보다 무겁다는 계산 결과도 있다. 곤충을 먹게 되면 인류의 식량 위기는 아득히 먼 미래의 이야기가 될지도 모른다.

어패류의 영양가는?

생선은 고단백·저칼로리 건강식품

어패류의 칼로리와 영양 성분을 〈그림 3-4〉에 정리했다. 붉은살생선과 흰살생선을 비교하면 크게 차이는 없다. 2장에서 살펴본 육류와 눈에 띄게 다른 점은 칼로리다. 소고기와 돼지고기는 400, 500kcal가 수두룩했지만 어패류는 100kcal대뿐 아니라 100kcal 이하도 많다.

지방, 특히 포화 지방산도 적다. 총지방에서 포화 지방산을 뺀 만큼이 불포화 지방산인데, **건강과 두뇌에 좋다고 알려진 오메가 지방산과 EPA, DHA는 불포화 지방산 성분**이다. 반면 단백질의 양은 육류와 비교해도 손색이 없다. 그래서 어패류는 고단백, 저칼로리, 저지방인 건강식품이라고 할 수 있다. 다만 콜레스테롤양은 육류보다 눈에 띄게 적다고 할 수 없다.

〈그림 3-4〉를 보면 평소 자주 먹는 식품은 아니지만 뱀장어의 콜레스테롤 양은 오징어와 함께 상당히 높은 축에 속한다. 반면 은어는 저칼로

<hr />

[그림 3-4] 어패류의 영양가

100g당

		칼로리 kcal	수분 g	단백질 g	총지방 g	포화 지방산 g	콜레 스테롤 mg	식염 상당량 g
붉은살 생선	전갱이	126	75.1	19.7	4.5	1.10	68	0.3
	정어리	136	71.7	21.3	4.8	1.39	60	0.2
	다랑어	125	70.4	26.4	1.4	0.25	50	0.1
흰살 생선	도미	142	72.2	20.6	5.8	1.47	65	0.1
	넙치	103	76.8	20.0	2.0	0.43	55	0.1
	연어	204	66.0	19.6	12.8	2.30	60	0.1
민물 생선	뱀장어	255	62.1	17.1	19.3	4.12	230	0.2
	은어	100	77.7	18.3	2.4	0.65	83	0.2
	잉어	171	71.0	17.7	10.2	2.03	86	0.1
조개류	바지락	30	90.3	6.0	0.3	0.02	40	2.2
	굴	70	85.0	6.9	2.2	0.41	38	1.2
	가리비(관자)	88	78.4	16.9	0.3	0.03	35	0.3
기타	단새우	98	78.2	19.8	1.5	0.17	130	0.8
	대게	63	84.0	13.9	0.4	0.03	44	0.8
	살오징어	83	80.2	17.9	0.8	0.11	250	0.5
	문어	76	81.1	16.4	0.7	0.07	150	0.7
	연어알	272	48.4	32.6	15.6	2.42	480	2.3
	명란젓	140	65.2	24.0	4.7	0.71	350	4.6

일본 식품 표준 성분표(제7개정판)에서

리, 저지방, 고단백이다.

조개류는 지방과 콜레스테롤이 모두 낮다. 조개에는 **타우린**이라는 아미노산이 많이 들어 있다. 타우린은 주로 간 건강에 다음과 같은 효과가 있다고 알려져 있다.

- 간의 담즙산 분비 작용을 촉진한다.
- 간세포의 재생을 촉진한다.
- 간 세포막의 기능을 안정시킨다.

바지락 버터구이나 재첩 된장국은 건강에 좋을 듯하다.

새우와 게는 저칼로리, 고단백, 저지방으로 닭고기와 비슷하다. 눈에 띄는 부분은 오징어, 문어의 콜레스테롤이다. 오징어와 문어도 조개 못지않게 타우린이 많이 들어 있다. 마른오징어 표면에 붙어 있는 하얀 가루는 타우린의 결정체다. 비슷하게 곶감에도 똑같이 하얀 가루가 붙어 있지만, 곶감의 가루는 타우린이 아니라 글루코스(포도당)의 결정이다.

콜레스테롤 양은 연어알이 480mg, 명란젓이 350mg으로 월등히 높다. 그러나 단백질량도 많으므로 단백질량과 콜레스테롤양의 비례를 비교하면 그렇게까지 높은 수준은 아니다.

스지코, 하라코, 이쿠라의 차이는?

'스지코, 하라코, 이쿠라'는 모두 일본에서 연어알을 다르게 부르는 이름이다.

'하라코'는 배 속의 이이를 뜻하는 일본어 腹仔(하라코)에서 유래해 붙은 이름인데, 따지고 보면 체내에 있는 알은 모두 하라코다. 스지코는 난막에 싸여 있는 연어알을 가리킨다. 하지만 보통 스지코라고 하면 난막에 싸여 있는 연어알을 염장한 것을 말한다. 최근에는 염장하지 않은 스지코는 '생(生)스지코'라고 따로 구분해 부르기도 한다.

이쿠라는 러시아어 이크라(ikra)에서 유래했으며 난막을 제거한 어란을 염장한 것을 말한다. 캐비아가 전형적인 예다. 하지만 일본에서는 난막을 제거해 한 알씩 떼어내기만 하고 염장은 하지 않은 연어알을 가리키는 경우가 많다. 그래서 '이쿠라 간장 절임' 같은 상품이 따로 나와 있다.

어패류의 보존 식품

감칠맛과 살균 작용의 지혜

어류는 잡힐 때는 많이 잡히지만 안 잡힐 때는 도통 잡히질 않는다. 게다가 쉽게 상한다는 단점이 있다. 그래서 보존을 겸해 다양한 어패류 가공식품이 개발되어 왔다.

가마보코, 지쿠와, 한펜 등은 생선살과 녹말을 골고루 섞이도록 반죽한 다음 찌거나 구운 식품으로 모두 일본 어묵의 일종이다. 어묵은 생선 내장처럼 상하기 쉬운 부분을 제거하고 가열하여, 저장성이 생물 생선보다 월등히 높다. 최근 일본에서 건강식품으로 주목받고 있는 어육 소시지도 어묵의 일종으로 볼 수 있다.

생물 생선을 상하지 않게 보존하는 가장 손쉬운 방법은 **염장**이다. 염장은 생선살에서 수분을 제거하여 세균이 증식하기 어렵게 할 뿐 아니라, 세균 그 자체도 탈수시켜 살균한다.

일본 홋카이도 지방의 명물로 유명한 아라마키연어는 생선에 소금을 문질러 바르거나 소금에 파묻거나 소금물에 절여서 말린 보존 식품이다. 이런 방식으로 장기간 보존하면 공기 중에 있던 유산균이 번식하여 유산 발효가 일어나면서 독특한 풍미가 생긴다. 아라마키연어 맛은 생연어 맛에 소금의 짠맛을 더한 것과는 확연히 다르다. 발효 식품의 맛이다.

생오징어살을 채 썰어서 간(肝)과 함께 소금에 절인 젓갈인 시오카라와 말린 오징어입은 술안주로 인기가 높다. 일본 서부 규슈 지방에서는 농게를 으깨서 만든 간즈케라는 젓갈이 유명하다.

건조는 생선살과 세균 양쪽 모두에게서 수분을 빼앗는다. 또 천일 건조하면 햇빛에 포함된 자외선의 살균 효과도 기대할 수 있다. 특히 **소금물에 담갔다 뺀 생선을 햇볕에 말리면 탈수로 인한 항균 효과에 자외선으로 인한 살균 효과까지 더해져 상하기 쉬운 생선을 오래 보관**할 수 있다.

마른오징어나 마른멸치, 가다랑어포 등이 좋은 예다. 구사야(생선을 어간장과 비슷한 발효액에 재운 후 햇빛에 말린 건어물-옮긴이)는 독특한 냄새가 있어서 호불호가 갈리는데, 그 냄새는 생선을 절인 소금물에 남아 있던 생선 찌꺼기가 유산 발효해서 생기는 것이다.

최근에는 흔히 볼 수 없는 일본 전통 음식이지만 날생선과 밥, 누룩을 함께 절여 숙성시킨 이즈시(발효 초밥-옮긴이)도 보존 식품의 일종이다.

이즈시는 유산균이 유산 발효하여 맛이 좋아짐과 동시에 유산이라는 산이 부패균 증식을 막아 준다. 다만 이즈시는 산소가 적은 혐기성 환경에서 제조해서 그런 환경을 선호하는 혐기성 세균인 보툴리누스균이 증식할 가능성이 있으므로 제조 및 섭취에는 주의해야 한다.

쓰쿠다니는 작은 생선에 간장과 조청, 설탕을 넣어 달콤 짭짤하게 조린 음식이다. 도쿄의 쓰쿠다지마라는 옛 지역명에서 유래한 이름이다. 이 음식도 간장에 든 소금을 이용한 염장과 당분의 탈수 작용을 이용해 만든 보존식품이다. 비슷한 음식인 시구레니는 쓰쿠다니에 생강을 넣은 것이다.

식품 디테일 사전

동물을 산 채로 먹어서 패기를 보였다고?

일본에서는 동물을 산 채로 먹는 것을 오도리구이(춤추는 음식을 먹는다는 뜻-옮긴이)라고 한다. 뱅어 등을 많이 먹는데 마니아가 되면 도롱뇽 등도 먹는다고 한다. 움직이는 산낙지 다리를 먹는 것도 그 일종이라고 할 수 있다.

옛날 중국에서는 벌꿀을 먹여 키운 흰쥐가 낳은 새끼를 산 채로 먹는 문화가 있었다고 한다. 메이지 시대(1868~1912)에 청나라를 방문한 노기 마레스케(청일전쟁과 러일전쟁을 승리로 이끈 인물-옮긴이)가 그 요리를 대접받자 패기를 보이기 위해 눈을 감고 삼켰다는 이야기가 있다.

어패류는 독에 주의!

약한 독도 양이 많으면 맹독이나 마찬가지

몸에 독을 지닌 포유류는 오리너구리와 땃쥐 등 극히 소수밖에 없다. 포유류뿐 아니라 조류도 앞에서 언급한 뉴질랜드에 서식하는 지빠귀류 3종뿐이다. 침에 독이 있는 뱀은 많지만 살 자체에 독이 있는 뱀은 없다. 거북이나 도마뱀 중에서 살에 독을 가진 종류도 없다. 그런데 **어패류는 살에 독이 있는 종류가 많다.**

물질에는 유독 물질과 무독 물질이 있다. 맹독이라도 아주 조금 먹으면 해가 적지만, 약한 독이라도 아주 많이 먹으면 피해가 크다. 물을 많이 마시고 물 중독으로 목숨을 잃은 사람도 있다.

그리스에는 '**양이 독을 만든다**(많이 먹으면 무엇이든 독이 된다)'는 속담이

[그림 3-5]   사람의 경구 치사량

무독	15g보다 많은 양
극소량	5~15g
비교적 강력	0.5~5g
매우 강력	50~500mg
맹독	5~50mg
초맹독	5mg보다 적은 양

체중 1kg당

있다. 〈그림 3-5〉는 '어느 정도 먹으면 목숨을 잃는지' 독의 경구 치사량을 강도별로 나타낸 표다.

반수 치사량(LD$_{50}$)은 독의 강도를 통계적으로 정확하게 나타내는 지표다. 생쥐 등의 실험동물 100마리에게 조금씩 양을 늘려가면서 독을 먹이는 방식으로 측정한다. 소량을 먹는 동안은 죽는 생쥐가 없지만 일정량에 다다르면 50마리가 죽는다. 이때의 독 무게를 LD$_{50}$이라고 한다.

LD$_{50}$은 체중 1kg당 수치이므로 몸무게 70kg인 사람은 LD$_{50}$을 70배로 계산해야 한다. 또 독에 대한 민감성은 동물마다 다르므로 생쥐의 예를 그대로 사람에게 적용할 수는 없다. 어디까지나 참고 수치다.

〈그림 3-7〉은 몇몇 독극물을 LD$_{50}$ 순서대로 나열한 것이다. 순위가 높을수록 맹독이다. 담배에 들어 있는 니코틴은 맹독으로 알려진 청산가리(KCN, 시안화칼륨)보다 맹독이라는 점에 각별히 주의해야 한다.

독을 가진 생선을 대표하는 복어는 **테트로도톡신**이라는 맹독을 가지고

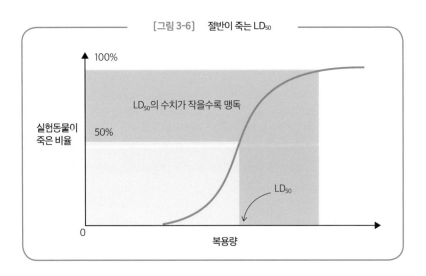

[그림 3-6]   절반이 죽는 LD_50

100%

LD_50의 수치가 작을수록 맹독

실험동물이
죽은 비율

50%

LD_50

0

복용량

있다. 하지만 거북복이나 밀복은 독이 없는데 청복은 온몸에 독이 있는 것처럼, 독의 유무와 독이 있는 위치는 복어에 따라 달라서 구별하기가 상당히 까다롭다.

맛이 좋기로 유명한 자주복은 간, 난소, 혈액 이외에는 독이 없으므로 이 부분을 제거하면 먹을 수 있다. 독이 있는 부분을 제거하려면 기술이 필요하므로 복어 조리사 자격증을 따야 하는데, 일본은 운용 방식이 지역마다 달라서 실기시험을 치러야 하는 지역도 있고 강의에 출석만 해도 자격증이 나오는 지역도 있다(한국은 국가기술자격에 속하므로 지역에 따른 차이가 없다-옮긴이).

복어의 독은 복어가 체내에서 스스로 합성하는 게 아니다. 먹이인 나

[그림 3-7]　강도별로 매긴 독의 순위

순위	독의 이름	치사량 LD_{50}(μg/kg)	유래
1	보툴리눔 독소	0.0003	●미생물
2	파상풍 독소(테타누스톡신)	0.002	●미생물
3	라이신	0.1	●식물(아주까리)
4	펠리톡신	0.5	●미생물
5	바트라코톡신	2	●동물(독개구리)
6	테트로도톡신(TTX)	10	●동물(복어)/미생물
7	VX	15	●화학 합성
8	다이옥신	22	●화학 합성
9	d-투보쿠라린(d-Tc)	30	●식물(쿠라레)
10	바다뱀 독	100	●동물(바다뱀)
11	아코니틴	120	●식물(투구꽃)
12	아마니틴	400	●미생물(버섯)
13	사린	420	●화학 합성
14	코브라 독	500	●동물(코브라)
15	피조스티그민	640	●식물(칼라바르콩)
16	스트리크닌	960	●식물(마전의 씨)
17	비소(As_2O_3)	1,430	●광물
18	니코틴	7,000	●식물(담배)
19	시안화칼륨(청산가리)	10,000	●KCN
20	염화수은	29,000(LD_0)	●광물(Hg_2Cl_2)
21	아세트산탈륨	35,200	●광물(CH_3CO_2Tl)

『도해잡학 독의 과학(図解雑学　毒の科学)』을 일부 수정

팔고둥 같은 조개류에 들어 있는 독을 체내에 축적한 것이다. 나팔고둥도 스스로 독을 만드는 게 아니라 먹이인 플랑크톤에 들어 있는 독을 축적한다. 최초로 독을 지닌 것은 조류(藻類, 물속에서 생활을 하는 단순한 형태의 식물분류군)의 일종으로 알려져 있다. 즉 먹이 사슬이다. 따라서 독을 축적한 먹이를 먹을 기회가 없는 **양식 복어에는 독이 없다.**

그런데 독이 없는 양식 복어와 독이 있는 자연산 복어를 같은 수조에서 기르면 양식 복어에 독이 생긴다는 이야기가 있다. 자연산 복어의 체내에는 테트로도독신을 생산하는 균류가 있는데, 이것이 양식 복어에게 이동했을 가능성이 있다고 한다.

자주복의 난소는 맹독 중의 맹독인데, 이것을 먹는 지역이 있다. 일본 중북부 해안 지역인 노토반도에서는 복어 난소를 소금에 반년 정도 절인 후 물에 담가 소금기를 빼고 다시 쌀겨에 절인다고 한다. 이렇게 하면 독이 없어져 먹을 수 있다고 하며, 가나자와역에 있는 판매점에서 공식 판매하고 있다. 다만 독소를 분해하는 메커니즘은 화학적으로 명확하게 밝혀지지 않았다.

동남아시아 지역의 산호초에 사는 물고기는 계절에 따라 시구아톡신 또는 팔리톡신이라고 불리는 독을 갖는다고 알려져 있다. 둘 다 복어 독의 수십 배에 이르는 맹독이다. **시구아톡신**(신경독)에 중독되면 **온도감각이 상**이라는 특유의 증상이 나타난다. 차가운 것을 만지면 전기 자극 같은 통증이 느껴진다. 심각할 경우 생명이 위태롭지만 그렇지 않더라도 증상

이 오래가서 완전히 낫기까지 1년가량 걸리기도 한다. 원래 일본 근해에
는 이 독을 가진 물고기가 없었지만, 해양온난화 영향인지 최근에는 돌
돔 중에서 이 독을 가진 종류가 발견되고 있다.

팔리톡신은 말미잘의 일종인 줄무늬말미잘이 생성하는 독으로, 줄무
늬말미잘을 먹은 물고기의 체내에 축적된다고 밝혀졌다. 이 독은 비늘
돔에서 발견된 사례가 많다.

잉어는 쓸개에 독이 있다. 잉어 쓸개가 정력에 좋다며 조리할 때 집어
먹는 사람이 있는데 대단히 위험한 행동이다. 중국에서는 1970~1975년
사이에 잉엇과 어류의 쓸개로 인한 식중독이 82건 발생해서 21명이 목
숨을 잃었다고 한다.

뱀장어는 피에 독이 있다. 생명을 위협할 정도의 독은 아니지만, 뱀장
어를 다루는 전문가가 손에 상처가 나서 그 틈으로 뱀장어 피가 스며들
면 상당히 아프다고 한다. 다만 뱀장어 독은 단백질 독소여서 60℃ 정도
로 가열하면 열변성되어 없어진다고 알려져 있다. 따라서 일반적으로 섭
취하는 정도라면 문제가 되지 않는다.

살에는 독이 없지만 지느러미나 가시에 독이 있는 물고기도 있다. 이
런 물고기에 찔리면 심한 통증이 생긴다. 쑤기미의 등지느러미, 가오리
꼬리 끝부분의 가시 등이 잘 알려져 있다. 낚시나 조리 시에 주의해야
한다.

계절에 따라 독이 있는 조개류도 있다. 보통 **패독**이라고 불리는데 굴과

가리비가 유명하다. 패독은 상당히 치명적이어서 1942년에는 일본 중남부 하마나코 호수 연안에서 바지락을 먹고 집단 식중독에 걸려 150명이나 목숨을 잃는 사고가 있었다. 패독은 플랑크톤이 만들어낸 독이 조갯살에 축적된 것으로 독의 종류는 여러 가지이며 복어 독인 테트로도톡신도 그 일종이다.

최근 들어 일본 근해에 **파란고리문어**가 나타나 골머리를 앓고 있다. 몸길이는 10cm 정도로 작지만 성질이 포악해서 화가 나면 몸에 파란 색 고리 무늬가 생기면서 사람에게 달려들어 문다. 침에는 복어 독으로 알려진 테트로도톡신이 들어 있어 물리면 최악의 경우 사망한다. 당연히 먹을 수는 없다(한국에서는 제주도, 부산, 거제 연안 등지에서 발견되었다–옮긴이).

독과 약은 한 끗 차이

독은 '목숨을 앗아가는 무서운 존재', 약은 '목숨을 구해주는 고마운 존재'라고 생각하기 쉽지만 독과 약은 하나다. 과거 일본에서는 감기약을 이용한 살인사건이 화제가 되기도 했고, 맹독성 독초인 투구꽃은 심장 질환용 한약재로 쓰이기도 한다.

그래서 현재 전 세계에서 독성 물질 찾기가 한창이다. 과거의 항생 물질 찾기와 비슷하다. 그중에서도 개오지고둥의 일종인 청자고둥이 주목받고 있다. 청자고둥은 자그마치 500종이나 되고 모두 육식성이며 먹이를 사냥하는 데 독을 이용한다. 특히 지도청자고둥의 독이 강력한데, 한 개체에 30명을 죽일 수 있는 독이 들어 있다고 한다. 오키나와에서는 하부가이('반시뱀 조개'라는 뜻-옮긴이)라는 별칭으로 불릴 만큼 두려움의 대상이다.

청자고둥에 들어 있는 독은 1종이 아니라 100종이 넘는다고 한다. 그중 하나인 지코노타이드는 진통 작용이 모르핀보다 1,000배나 더 세다고 밝혀져 미국에서 의약품으로 승인되었다.

어패류 식중독의 구조

세균은 2종류가 있음을 기억하자!

어패류를 먹을 때는 세균으로 인한 부패와 그로 인해 발생하는 식중독에 주의해야 한다. 보통 식중독의 원인은 세균(미균)인데 세균에는 2종류가 있다. 미생물과 바이러스다. 생물이라고 불리려면 세포 구조를 가져야하지만, 바이러스는 세포 구조가 없다. 단백질로 만들어진 껍데기 안에 핵산인 DNA가 들어 있을 뿐이다. 따라서 바이러스는 생물이 아니다.

생물이 아닌 바이러스는 스스로 증식할 수 없으므로 식품 속에서 가만히 기회를 기다린다. 바이러스는 인간의 몸에 들어간 후에야 증식할 수 있다. 반면 세균은 식품 안에서 증식하고, 종류에 따라서는 식품 속에 독소를 퍼뜨린다.

주요 세균과 바이러스의 종류를 〈그림 3-8〉에 정리했다. 식중독을 일으키는 세균은 2종류로 나눌 수 있다.

① 세균 자체가 인간의 체내에 들어온 후에 해를 끼치는 종류
② 식품 안에서 독성 물질을 생산해 식품을 오염시키는 종류

세균이라고 해도 생물이므로 가열, 살균하면 없앨 수 있다. 즉 ①번에 속하는 세균은 식품을 가열하면 사멸하므로 식중독을 예방할 수 있다. 하지만 ②번에 속하는 세균은 죽기 전에 독을 뿜어낸다. 독은 화학 물질

[그림 3-8]　세균의 종류

종류		원인 물질	감염원	원인 식품
세균	감염형	살모넬라균	육류, 달걀	달걀 가공품, 육류 등
		장염비브리오	어패류	회, 초밥, 도시락 등
		캄필로박터균	돼지고기, 닭고기	닭고기, 식수 등
	독소형	포도상 구균	손가락 끝의 곪은 상처	슈크림, 주먹밥 등
		보툴리누스균	흙, 동물의 창자, 어패류	
	생체 내 독소형	병원성 대장균	사람, 동물의 창자	식수, 샐러드 등
바이러스		노로바이러스 등		조개류
		B형 간염 바이러스		
		E형 간염 바이러스		

이므로 조리에 사용하는 온도 정도로는 대부분 꿈쩍도 하지 않는다. 독이 그대로 있는 상태다. 주요 식중독 세균은 다음과 같다.

- **보툴리누스균** 〈그림 3-7〉의 순위표에서 보았듯 최강의 독소다. 하지만 이 독소는 단백질 독소이므로 80℃에서 30분 동안 가열하면 없어진다. 다만 균 자체는 열에 강해서 '아포'라는 휴면 상태로 살아남기도 한다. 이럴 경우 120℃에서 4분 이상 더 가열해야만 비활성화한다. 요리 온도만으로는 비활성화할 수 없다. 보툴리누스균은 혐기성 세균이므로 통조림이나 절임 식품 등 공기가 없는 곳에서 증식하는데, 벌꿀 속에 있을 수 있어 영유아에게는 벌꿀을 먹이지 않도록 주의해야 한다.
- **살모넬라균** 동물의 장 속을 비롯해 하수, 하천 등 곳곳에 존재한다. 달걀에 붙어 있는 경우도 있으므로 조심해야 한다.
- **장염비브리오** 바닷물 속에 많아서 어패류, 특히 회의 식중독 원인균이다. 살모넬라균과 함께 식중독을 많이 일으키는 세균으로 꼽힌다.
- **포도상 구균** 사람의 피부, 점막, 상처 등에 존재한다. 식품에 붙어 증식하기 시작하면 엔테로톡신이라는 독소를 만들어낸다. 이 독소는 열에 강하므로 100℃에서 30분 동안 가열해도 독성을 잃지 않는다. 예방하려면 감염을 피하는 수밖에 없다.
- **병원성 대장균** 대장균은 사람의 장 속에도 서식하는 흔한 세균인데,

어떤 종류는 사람의 체내에서 독소를 생산하여 식중독을 일으킨다. O-157이 유명하다.

겨울철에 일어나는 식중독의 90%는 바이러스 일종인 **노로바이러스**가 원인이다. 1968년 미국 오하이오주 노워크라는 도시에서 집단 식중독이 발생하면서 처음 발견되어 노로바이러스라는 이름이 붙여졌다. 노로바이러스는 사람이나 소의 장 속에서 증식하는데, 열에도 산에도 강해서 초무침을 만들어도 파괴되지 않는다. 효과가 있는 예방법은 손 씻기다. 특히 조리에 종사하는 사람은 손을 꼼꼼히 씻어야 한다.

그런데, 독이 있었다고?

부주의 등으로 인해 식품에 유해 물질이 섞이기도 한다. 그런 사례로는 통조림이 유명하다.

1845년 영국에서 북극해 탐험이 계획되면서 총 129명으로 이루어진 탐험대가 군함 2척을 이끌고 북극으로 출발했다. 그런데 3년이 지나도록 아무도 귀환하지 않았고, 그 후에 이루어진 조사에서 전원 사망했음이 확인되었다. 시신을 부검한 결과 고농도의 납이 검출되어 납중독으로 인해 사망한 것으로 추정되었다.

그렇다면 납은 어디에서 온 걸까? 범인은 당시 최첨단 식품인 통조림이었다. 그때는 통조림을 밀봉할 때 납땜을 사용했는데 납땜 속의 납이 통조림 안으로 스며든 것이다.

지금은 통조림을 제조할 때 납땜을 사용하지 않지만, 도자기 유약에 납이 들어가기도 한다. 장식용 그릇이나 저렴하면서 색상이 지나치게 화려한 도자기는 일상 식기로 사용하지 않는 편이 좋다.

또 크리스털 글라스에는 무게를 기준으로 20~35% 정도의 납이 들어 있다. 매실주 등 산성이 강한 술은 크리스털 글라스로 만든 병에 보관하지 않는 편이 안전하다.

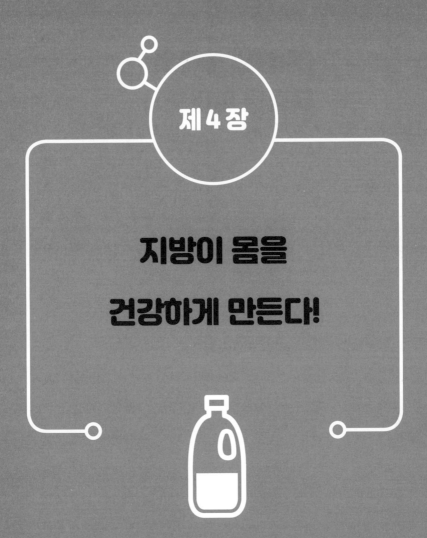

제 4 장

지방이 몸을
건강하게 만든다!

20

지방의 종류와
특징을 알아보자

동물성은 상온에서 고체, 식물성은 액체

거의 모든 식품에는 지방이 들어 있다. 생물에 들어 있는 지방은 보통 **상온에서 고체 상태이면 지방, 액체 상태이면 기름**이라고 부른다. **소나 돼지 같은 포유류의 지방은 고체인 경우가 많고 식물이나 어패류의 지방은 액체인 경우가 많다.**

지방 하면 고칼로리 식품에 대사 증후군의 원인이라고 생각하기 쉽지만 천만의 말씀이다. 생물의 몸은 세포로 이루어져 있다. 세포를 둘러싼 세포막과 세포핵을 둘러싼 핵막 등은 모두 같은 분자로 이루어져 있다. 그 분자를 인지질이라고 하는데, 인지질은 지방을 원료로 만들어진다.

지방이 없으면 세포가 생기지 않는다. 근육이 없으면 몸을 만들 수 없지만 근육은 세포다. 요컨대 지방이 없으면 애초에 근육을 만들 수 없는 것이다.

지방은 종류가 상당히 많은데 크게 식물성 지방과 동물성 지방으로 나눌 수 있다. 버터도 동물성 지방이지만 우유의 과학을 다루는 8장에서 자세히 살펴보겠다.

동물성 지방은 어느 고기(동물)에서 얻었는지에 따라 나눌 수 있다.

라드(돼지기름)는 돼지에서 얻은 지방으로 상온에서 흰색 크림 형태다. 녹는점은 27~40℃로 입에 넣으면 사르르 녹는다. 돈가스 등의 튀김에 자주 사용된다. 라멘(일본식 라면-옮긴이) 국물에 돼지의 등 지방을 넣어 풍미를 살리기도 한다.

우지(소기름)는 소에서 얻은 지방으로 상온에서 흰색 고체 상태이고 녹는점은 라드보다 높은 35~55℃다. 녹는점이 사람의 체온보다 높아서 회로 먹을 때 지방질이 있으면 식감이 나빠질 수 있다. 스테이크나 커틀릿을 조리할 때 사용하면 특유의 감칠맛과 풍미가 생긴다. 스키야키(일본식 전골 요리-옮긴이) 등에도 사용된다.

계유(닭기름)는 닭에서 얻은 지방이다. 굳으면 연노란색 고체지만 녹는점은 30℃ 정도로 낮다. 볶음밥이나 라멘에 넣으면 맛이 더 좋아진다.

어유(생선기름)는 상온에서 액체인 기름이다. 생선 종류에 따라 성질이 다른데, 뒤에서 살펴볼 EPA(IPA)와 DHA를 포함한 불포화 지방산이 많이 들어 있어 건강에 좋다고 알려져 있다.

식물성 지방은 상온에서 전부 액체지만 장기간 방치하면 산화하여 고체로 변한다. **기름에 갠 물감을 캔버스에 굳힌 유화는 식물성 기름이 고체로 변하는 현상을 이용**한 것이다. 식물성 기름은 다양한 식물에서 추출하므로 종류가 많은데, 일본에서 식용으로 쓰이는 주된 종류는 다음과 같다.

유채기름은 유채씨에서 추출한다. 전 세계에서 조리용 기름으로 널리 사용된다. 카놀라유도 유채기름의 일종이라고 볼 수 있다.

홍화씨유는 홍화씨에서 추출한다. 옛날에는 도료 희석제로 사용되었지만 지금은 조리용 기름으로 사용되는 경우가 더 많다.

참기름은 참깨에서 추출한다. 참깨를 가열하지 않고 압착해서 추출하면 투명도가 높은 대신 향이 연한 기름이 되는데, 이것을 일본에서는 태백참기름이라고 부른다. 하지만 참깨를 불에 볶은 후에 추출하면 색이 진하고 향이 강한 기름이 된다. 참기름에는 특유의 향이 있어서 중화요리 등에 자주 사용된다.

콩기름(대두유)은 콩에서 추출하는데, 간장이나 사료를 제조할 때 생기는 부산물에서도 추출할 수 있다.

해바라기유는 해바라기 씨에서 추출한다. 조리 외에 바이오 연료로도 사용된다.

면실유는 목화씨에서 추출하며 참치 통조림용 기름 등으로 사용된다.

19세기부터 생산되었는데 제2차 세계대전 후에는 대두유에 밀려 생산이 감소하고 있다.

요즘 인기가 높은 **올리브유**는 올리브 열매에서 추출한다. 이탈리아 요리의 필수 재료다.

팜유는 기름야자 열매에서 추출한 기름이다. 식용유로는 잘 쓰이지 않지만 각종 혼합 식용유와 마가린, 쇼트닝 등에 널리 쓰인다.

미강유는 쌀의 껍질에 붙어 있는 쌀겨에서 추출한다. 1960년대 일본에서는 건강식품으로 애용되었는데, 모 회사 제품에 유독 물질인 PCB가 섞여 들어가 섭취한 사람에게 피부 질환이나 간 질환이 발생하면서 큰 사회 문제가 되었다.

앞에서 언급한 종류 외에도 샐러드 오일, 튀김 오일 등 원재료의 이름이 붙지 않는 기름이 있다. 이런 제품은 각 식용유 제조사가 여러 식물성 기름을 독자적인 비율로 혼합해 만들기 때문에 맛이나 특성이 회사별로 다르다.

아주까리기름을 짜내고 남은 찌꺼기는 엄청난 맹독!

식용유는 아니지만 아주까리기름도 잘 알려진 식물성 기름이다. 일본에서는 설사약으로 사용되며, 미국 북부에서는 요즘도 일상적으로 쓰이고 있다.

아주까리기름은 아주까리라는 높이 10m에 이르는 식물의 씨앗에서 추출한다. 식물성 기름 중에는 점성과 비중 모두 가장 높을 뿐 아니라 고온에서 잘 분해되지 않고 저온에서 잘 굳지 않아 공업용으로 널리 쓰인다. 그런 까닭에 전 세계에서 1년에 130만 톤이나 생산된다.

문제는 짜고 남은 찌꺼기다. 아주까리의 씨앗에는 라이신이라는 맹독이 들어있다. 독성은 3-7장의 독 순위표에서 3위를 차지할 정도다. 아주까리기름을 짜고 남은 찌꺼기에는 라이신이 들어 있을 가능성이 있다. 하지만 라이신은 단백질 독소이고 기름을 추출할 때는 씨앗을 불에 구우므로 열변성해서 독성을 잃게 된다.

하지만 약으로 쓰이는 아주까리기름에는 '임신 중인 여성은 사용하지 말라'는 주의 사항이 적혀 있으므로 조심하는 편이 좋다.

21

지방을 과학의 눈으로 보면

모든 지방은 체내에서 글리세린을 생성한다

단백질, 당류, 핵산 등 생명체에게 중요한 물질은 간단한 구조로 이루어진 단위 분자가 수백에서 수천 개나 연결된 긴 분자, 즉 천연 고분자로 이루어져 있지만 **지방은 그저 작은 분자**일 뿐이다. 하지만 지질의 일종인 인지질은 수억 개가 막 형태로 모여서 세포막을 구성한다.

지방은 〈그림 4-1〉을 보면 알 수 있듯 기본적으로는 분자 구조가 모두 같다. 그림의 화학식 중 OH 원자단(하이드록실기라는 치환기)을 갖는 것은 보통 알코올류라고 불린다. 한편 COOH 원자단(카복실기)을 갖는 것은 카복실산, 유기산, 지방산 등으로 불리는데, 요컨대 산의 성질을 갖는다.

[그림 4-1] 지방은 모두 분자 구조가 같다

$$CH_2-O-\overset{O}{\underset{||}{C}}-R$$
$$CH-O-\overset{O}{\underset{||}{C}}-R'$$
$$CH_2-O-\overset{O}{\underset{||}{C}}-R''$$

지방
(글리세린지방산에스테르)

$\xrightarrow{3H_2O}$

$$CH_2-OH$$
$$CH-OH$$
$$CH_2-OH$$

글리세린

$+$

$$HO-\overset{O}{\underset{||}{C}}-R$$
$$HO-\overset{O}{\underset{||}{C}}-R'$$
$$HO-\overset{O}{\underset{||}{C}}-R''$$

지방산

지질이란 알코올(글리세린 혹은 글리세롤) 1분자와 지방산 3분자가 물을 방출하고 결합(탈수 축합)한 물질이다. 지방산의 분자식을 보면 'R'이라는 기호가 있는데, 이것은 임의의 원자 집단을 나타내는 기호다. R에 ''(프라임)이 붙어 있는 것은 각각 '다를 가능성이 있다'는 의미다.

알코올과 카복실산이 탈수 축합한 물질을 보통 에스터라고 한다. 즉 지방은 에스터의 일종이다. 따라서 어떤 지방이든 위 안으로 들어가 위산 속 염산(HCl)에 의해 가수분해되면 글리세린 1분자와 지방산 3분자로 분해된다. 돼지기름이든 참기름이든, 모든 지방의 글리세린 부분은 동일하다. 즉 **어떤 지방이든 체내에 들어가면 분해되어 글리세린을 생성**하는 것이다.

글리세린에 질산(HNO₃)을 반응시키면 나이트로글리세린이 된다. 나이트로글리세린은 폭발성이 격렬해서 다이너마이트의 원료로 잘 알려

[그림 4-2]　알코올과 카복실산에서 에스터가 생성된다

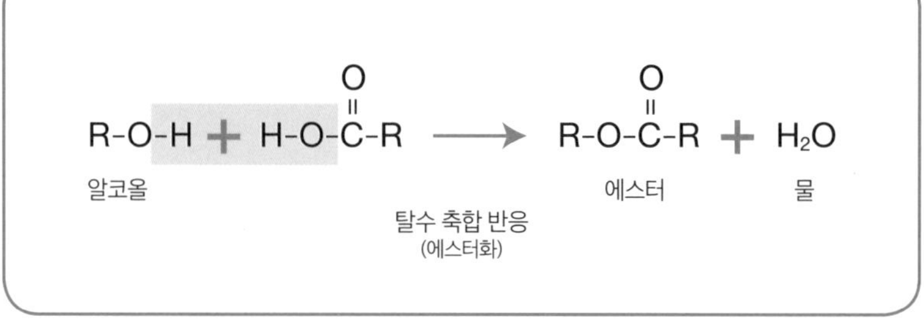

$$R-O-H \ + \ H-O-\overset{\overset{\textstyle O}{\|}}{C}-R \longrightarrow R-O-\overset{\overset{\textstyle O}{\|}}{C}-R \ + \ H_2O$$

알코올　　　　　　　　　　　　　　　　에스터　　　　물

탈수 축합 반응
(에스터화)

[그림 4-3]　글리세린에서 나이트로글리세린이 만들어진다

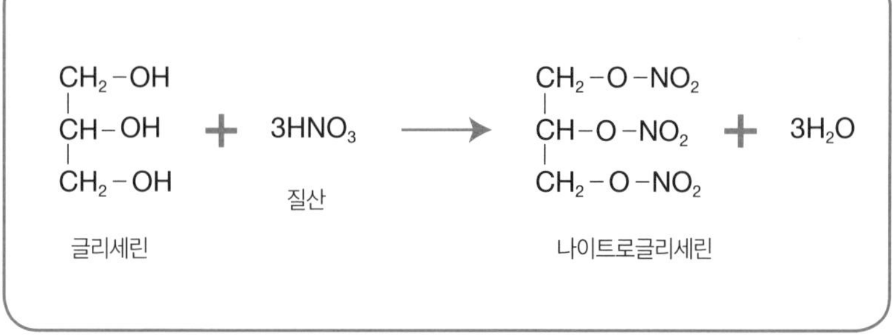

$$\begin{matrix} CH_2-OH \\ | \\ CH-OH \\ | \\ CH_2-OH \end{matrix} \ + \ 3HNO_3 \longrightarrow \begin{matrix} CH_2-O-NO_2 \\ | \\ CH-O-NO_2 \\ | \\ CH_2-O-NO_2 \end{matrix} \ + \ 3H_2O$$

글리세린　　　　　질산　　　　　　　　나이트로글리세린

져 있지만 협심증 특효약으로도 유명하다. 독자 중에도 나이트로글리세린이 들어 있는 펜던트를 목에 걸고 있는 분이 있을지도 모른다.

앞에서 말했듯 지방산은 〈그림 4-1〉의 R 부분의 차이에 따라 종류가 달라진다. **소기름, 돼지기름, 생선기름 등의 차이는 R 부분의 차이로 인한 것**이다.

지방산을 분류하는 방식은 중층적이다. 우선 고급 지방산과 저급 지

방산으로 나뉜다. 고급, 저급이란 품질의 높고 낮음을 말하는 게 아니다. 지방산 화학식의 R 부분을 구성하는 탄소 수의 많고 적음에 따른 분류다. 탄소 수가 2~4개인 것을 저급 지방산(짧은 사슬 지방산), 5~12개인 것을 중급 지방산(중간 사슬 지방산), 12개 이상인 것을 고급 지방산(긴 사슬 지방산)이라고 한다. 식품에 들어 있는 지방산은 대부분 고급 지방산이다.

다음으로 R 부분의 구조에 따라 나눌 수 있다. R 부분이 단일 결합(포

[그림 4-4]   포화 지방산, 불포화 지방산의 종류

	포화 지방산		불포화 지방산		
	명칭	구조식	명칭	구조식	이중 결합 수
저급 지방산	아세트산	CH_3COOH	아크릴산	$CH_2=CHCOOH$	1
중급 지방산	카프로산	$C_5H_{11}COOH$	크로톤산	$CH_3CH=CHCOOH$	1
	카프릴산	$C_7H_{15}COOH$	소브산	C_5H_7COOH	2
	카프르산	$C_9H_{19}COOH$	운데실렌산	$C_{10}H_{19}COOH$	1
	라우르산	$C_{11}H_{23}COOH$			
고급 지방산	미리스트산	$C_{13}H_{27}COOH$	올레산	$C_{17}H_{33}COOH$	1
	스테아르산	$C_{17}H_{35}COOH$	EPA	$C_{19}H_{29}COOH$	5
	아라키딘산	$C_{19}H_{39}COOH$	DHA	$C_{21}H_{31}COOH$	6
	세로트산	$C_{25}H_{51}COOH$	프로피올산	$C_2\dot{H}COOH$	*
	락세르산	$C_{31}H_{63}COOH$	스테아롤산	$C_{17}H_{31}COOH$	*

• 삼중 결합을 포함함

화 결합)만으로 이루어진 것을 포화 지방산, 이중 결합이나 삼중 결합(불포화 결합)을 포함하는 것을 불포화 지방산이라고 한다. 잘 알려진 지방산의 종류를 〈그림 4-4〉로 정리했다.

포화 지방산으로 이루어진 지방은 상온에서 고체, 불포화 지방산을 포함하는 지방은 상온에서 액체인 경우가 많다. 포유류의 지방은 고체, 생선이나 식물의 지방은 액체인 경우가 많은 것은 이런 이유 때문이다.

액체인 기름에 적당한 금속을 촉매로 하여 수소를 반응시키면 불포화 지방산의 불포화 결합에 수소가 결합해 포화 결합으로 바뀌면서 불포화 결합의 개수가 줄어든다. 이러한 반응을 보통 접촉 환원이라고 한다. 그렇게 되면 원래 액체였던 기름이 고체인 지방으로 바뀐다. 이렇게 **인공적으로 가공한 지방을 경화유**라고 한다. 경화유는 마가린, 쇼트닝, 오일 스프레드(저지방 마가린), 비누의 원료로 사용된다.

지방의 영양가는?

콜레스테롤이 적은 식물성 지방

지방은 칼로리가 높기로 유명하다. 식품은 모두 단백질, 녹말 등의 천연 고분자와 지방 등으로 이루어져 있는데, 체내에 들어가면 소화(가수분해)되어 고분자는 단위 분자로, 지방은 글리세린과 지방산 등의 저분자로 분해된다.

이들 저분자는 혈액 속 등 체내의 세포 안으로 유입되어 단백질로 이루어진 효소에 의해 더 작은 분자, 다시 말해 최종적으로는 이산화탄소(CO_2)와 물(H_2O)로 분해되고, 이 과정에서 각각 정해진 에너지, 즉 칼로리를 생성한다. 이 과정을 보통 대사라고 부른다.

대사 과정에서 발생하는 에너지는 식품마다 다른데, 그것이 문제다.

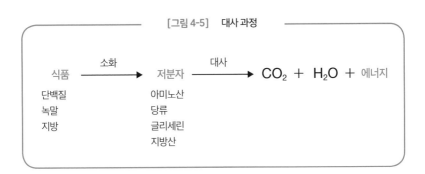

[그림 4-5] 대사 과정

식품 —소화→ 저분자 —대사→ CO_2 + H_2O + 에너지

단백질   아미노산
녹말   당류
지방   글리세린
                지방산

단백질과 녹말은 1g당 4kcal의 에너지를 내지만 지방은 2배가 넘는 9kcal나 내기 때문이다.

〈그림 4-6〉에 지방의 영양가를 정리했다. 동물성이든 식물성이든 지방이므로 칼로리에 큰 차이는 없다. 하지만 다른 부분에서는 둘 사이에 큰 차이가 있다. 우선 **콜레스테롤**이다. 동물성인 우지와 라드는 둘 다 100mg이다. 반면 식물성 지방은 대부분 0mg이다. 이렇게까지 크게 차이 나는 이유가 뭘까? 또 한 가지 큰 차이는 포화 지방산의 양이다. 동물성 지방은 거의 40mg인데, 식물성 지방은 10~15mg으로 1/3 수준이다.

이처럼 **콜레스테롤과 포화 지방산의 양만 놓고 보자면 식물성 지방이 건강식품**이라는 결론이 나올 수밖에 없다.

〈그림 4-6〉에 경화유로 만든 마가린의 수치도 실어 두었다. 경화유 원료는 식물성 지방이지만 접촉 환원('21. 지방을 과학의 눈으로 보면' 참조)

[그림 4-6]   주요 지방의 영양가

100g당

		칼로리 kcal	수분 g	단백질 g	총지방 g	포화 지방산 g	콜레 스테롤 mg	탄수 화물 g	식이 섬유 g	식염 상당량 g
동물	우지 (소기름)	940	Tr	0.2	99.8	41.05	100	0	0	0
	라드 (돼지기름)	941	0	0	100	39.29	100	0	0	0
식물	참기름	921	0	0	100	15.04	0	0	0	0
	올리브유	921	0	0	100	13.29	0	0	0	0
	대두유	921	0	0	100	14.87	1	0	0	0
	혼합유 (샐러드유)	921	0	0	100	10.97	2	0	0	0
	마가린	769	14.7	0.4	83.1	23.04	5	0.5	(0)	1.3

Tr: 극소량, (0): 문헌 등을 바탕으로 함유되어 있지 않다고 추정
일본 식품표준성분표(제7개정판)에서

때문에 포화 지방의 양이 많아졌음을 알 수 있다. 그래도 라드나 우지 정도는 아니다. 또 콜레스테롤 양은 식물성 기름 상태 그대로로 거의 0 이다. 이렇게만 보면 마가린은 훌륭한 건강식품이다. 그러나 뒤에서 살펴 보겠지만, 최근에는 **트랜스 지방산**이라는 문제가 발생해서 마가린에도 그 림자가 드리우기 시작했다.

기름은 식용으로만 쓰이지 않았다

현대의 우리는 동식물성 지방은 식용이고 석유 같은 광물성 기름은 공업용이라고 생각하기 쉽다. 그러나 앞에서 살펴보았듯 아주까리기름은 식물성 기름이지만 공업용으로도 사용된다. 기름야자 열매에서 추출하는 팜유는 식용 외에 화력 발전용 연료로도 쓰인다.

　근세 유럽과 미국에서는 가정에서 사용하는 램프의 연료로 고래기름을 사용했다. 그래서 고래잡이가 성행했던 것이다. 페리 제독이 이끄는 미국 함대가 일본에 개국을 압박한 이유 중 하나는 포경선단의 중간 기착지가 필요했기 때문이라는 설이 있을 정도다. 당시 일본에서는 주로 등불을 사용했는데, 등불용 기름은 정어리 등에서 짠 어유를 주로 사용했다. 식물성 기름으로 만든 초는 값이 비싸서 일반 가정에서는 쓸 수 없었다.

인공 지방은 몸에 해롭다?

트랜스 지방산이란 무엇인지 알아보자

최근 들어 지방 및 지방산과 관련해서 여러 가지 화제가 있다. 건강한 기름에 관한 이야기도 그중 하나다. 주요 화젯거리를 살펴보자.

등푸른생선의 기름을 먹으면 머리가 좋아진다는 말이 있다. 등푸른생선의 지방을 구성하는 지방산의 일종인 EPA(IPA)와 DHA가 두뇌에 좋다는 것이다. 그렇다면 EPA와 DHA란 무엇일까?

우선 이름의 유래부터 살펴보자. 모든 분자에는 이름이 붙어 있다. 분자의 이름은 그 분자를 발견하거나 만든 사람이 마음대로 붙이는 게 아니라 국제순수·응용화학연합(IUPAC)이라는 국제단체에서 체계적인 명명법을 바탕으로 결정한다. 이러한 명명법을 따르면 모든 분자는 거의

오해의 여지가 없는 이름이 정해진다. 그리고 **이름을 알면 분자 구조를 알**
수 있다.

유기 화합물 명명법 기본은 탄소 원자의 개수다. EPA란 '이코사펜타
엔산'의 약자다. 여기에서 '이코사'는 20, '펜타'는 5를 나타내는 그리스
어의 수사(數詞)다. 그리고 '엔'은 이중 결합을 나타낸다. 마지막의 '산'은
영어의 acid다. 즉 EPA란 '탄소 개수 20개에 이중 결합 개수 5개인 산'이
라는 의미인 것이다. 또 20은 예전에는 에이코사라고 불렸다. 그래서 이
지방산은 원래 EPA라고 불렸지만, 화학 관계자들은 이제 IPA라고 부른
다. 조리 관계자들은 지금도 EPA를 사용한다.

DHA는 도코사헥사엔산의 약자다. 도코사는 22, 헥사는 6이므로 '탄

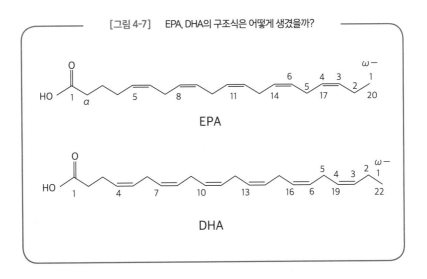

[그림 4-7]   EPA, DHA의 구조식은 어떻게 생겼을까?

EPA

DHA

소 개수 22개, 이중 결합 개수 6개'라는 의미다. 각각의 구조식은 〈그림 4-7〉과 같다.

최근 들어 오메가-3 지방산이 몸에 좋다는 이야기가 많이 들린다. 오메가-3 지방산이란 무엇일까? 오메가(ω)는 그리스 알파벳의 마지막 글자이고 그리스도교 문화권에서는 끝을 의미한다.

오메가-3 지방산이란 불포화 지방산 중 탄소 사슬의 가장 끝 탄소로부터 3번째와 4번째 탄소가 이중 결합 구조를 이루고 있는 지방산을 말한다. 따라서 EPA와 DHA는 오메가-3 지방산의 일종이기도 하다.

사람이 살아가기 위해서는 여러 종류의 지방산이 필요하다. 사람은 필요한 지방산을 다른 지방산에서 만들어낼 수 있다. 그러나 **어떻게 해도 스스로 만들어낼 수 없는 지방산**이 있다. 이러한 지방산을 필수 지방산이라고 한다. 필수 지방산은 다음과 같이 2계통, 6종류가 있다.

- **오메가-3 계통**　알파(α)-리놀렌산, EPA, DHA
- **오메가-6 계통**　리놀레산, 감마(γ)-리놀렌산, 아라키돈산

오메가-6 계통이란 탄소 사슬의 끝에서 6번째와 7번째 탄소가 이중 결합 구조를 이루고 있는 지방산을 말한다.

그런데 사람은 알파-리놀렌산이 있으면 EPA와 DHA를 스스로 만들수 있고, 마찬가지로 리놀레산이 있으면 다른 오메가-6 지방산을 만들

[그림 4-8]　오메가-3와 오메가-6의 기능

	오메가-3 필수 지방산	오메가-6 필수 지방산
대표적인 기름	아마인유, 들기름, 치아씨유, 등푸른생선의 기름 등	홍화씨유, 옥수수유, 샐러드유, 마요네즈 등
주요 기능	알레르기 억제, 염증 억제, 혈전 억제, 혈관 확장	알레르기 촉진, 염증 촉진, 혈전 촉진, 혈액 응고

수 있다. 따라서 좁은 의미로 보면 필수 지방산은 알파-리놀렌산과 리놀레산이다.

각 지방산을 함유한 식용유의 종류와 효능을 〈그림 4-8〉에 정리했다. 오메가-3 지방산과 오메가-6 지방산은 효능이 정반대임을 알 수 있다. 이런 면에서도 음식은 골고루 먹는 게 중요하다는 말의 의미가 사뭇 와닿는다.

트랜스 지방산이 몸에 좋지 않다는 이야기가 있다. 미국이나 캐나다에서는 식품 속에 함유된 트랜스 지방산의 양을 명시하도록 의무화되어 있다.

그렇다면 트랜스 지방산이란 무엇일까? 트랜스란 이중 결합 주변의 입체 구조를 말한다. 이중 결합에는 4개의 원자단(치환기)이 결합할 수 있는데, 같은 원자단이 이중 결합의 같은 방향에 결합한 것을 시스형, 반대 방향에 결합한 것을 트랜스형이라고 한다. 지방산에서 보자면 **이중 결합의 같은 방향에 수소가 결합한 것이 시스 지방산, 반대 방향에 결합한 것이 트랜**

[그림 4-9]　시스형과 트랜스형의 모양

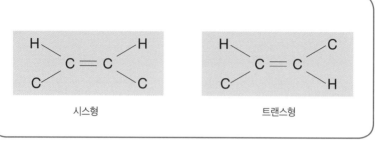

시스형　　　　　　　　　　　　트랜스형

스 지방산이다.

〈그림 4-7〉의 EPA와 DHA의 구조식을 다시 보자. 모든 이중 결합이 시스형으로 배열되어 있음을 알 수 있다. 이처럼 자연계에 있는 지방산은 모두 시스형이라고 알려져 있다.

그렇다면 트랜스 지방산은 어디에서 왔을까? 정답은 경화유다. 앞에서 경화유는 불포화 지방산의 이중 결합에 수소를 결합해 만든다고 했다. 그런데 이중 결합이 여러 개인 지방산은 접촉 환원해도 모든 이중 결합에 수소가 결합하는 게 아니라 이중 결합인 채 남는 것이 있다. 이러한 이중 결합이 트랜스 이중 결합이 되는 것이다.

〈그림 4-10〉에 이중 결합이 1개만 있는 올레산을 예로 들어 트랜스형(인공산)과 시스형(자연산)의 구조를 나타냈다. 형태가 크게 달라짐을 알수 있다. 즉 **자연산은 구부러져 있지만 인공산은 똑바른 직선 형태**다.

요컨대 자연산은 구부러진 구조 때문에 규칙적으로 겹쳐져서 결정(고

　　　　　　　　　　　　　제 4 장　지방이 몸을 건강하게 만든다!

[그림 4-10] 자연산은 구부려져 있고 인공산은 똑바르다

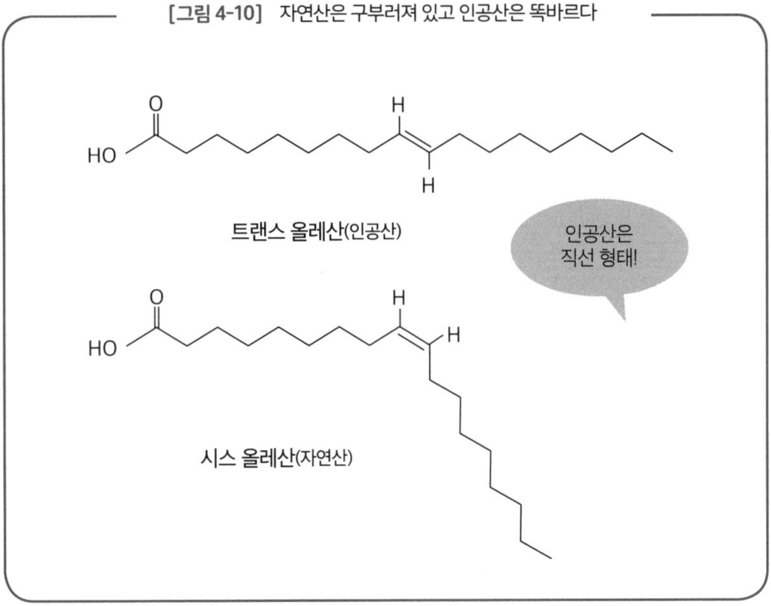

트랜스 올레산(인공산)

인공산은
직선 형태!

시스 올레산(자연산)

체)이 될 수 없는 반면, 직선 구조인 인공산은 규칙적으로 겹쳐져서 고체가 될 수 있다는 의미다. 이런 이유로 건강에 영향을 미치는지도 모른다. 따라서 트랜스 지방산을 피하고 싶다면 마가린, 쇼트닝, 오일 스프레드 등 경화유를 이용해 만든 식품을 멀리하는 편이 좋다.

24

지방은
다이어트의 적일까?

지방이 만드는 세포막의 중요한 역할

식품은 체내에 들어오면 소화 흡수된 후 대사되면서 에너지를 낸다. 단 **백질과 당류는 1g당 약 4kcal의 에너지를 낸다.** 반면 **지방은 약 9kcal의 에너지를 낸다.** 그래서 지방은 생명 활동을 하는 데 대단히 중요한 에너지원이다. 그런데 요즘은 많이 먹으면 비만의 원인이 된다고 해서 다이어트의 적으로 눈총을 받는다. 지방으로서는 참 억울할 노릇이다.

하지만 생명 활동에서 지방이 중요한 이유는 에너지 때문만이 아니다. **지방은 세포막의 원료**다. 지방이 없으면 세포막을 만들 수 없다. 세포막이 없으면 앞에서 본 바이러스와 똑같다. 다시 말해 더 이상 생명체가 아니다. 우리가 계속 생명체로 존재하려면 지방을 계속 섭취해야 할 의무가 있는 것이다.

그렇다면 세포막과 지방 사이에는 어떤 관계가 있을까? 그것을 알아보려면 '계면 활성제와 분자막'의 관계, 즉 '비누액과 비눗방울'의 관계를 보는 게 가장 좋은 방법이다.

앞에서 용해에 관해 이야기할 때 분자에는 물에 녹는 친수성 분자와 물을 싫어하는 소수성 분자가 있다고 했다. 그런데 분자 중에는 친수성 부분과 소수성 부분을 둘 다 가진 물질이 있다. 바로 비누 분자다.

〈그림 4-11〉처럼 지방(지방산)에 수산화나트륨($NaOH$)을 반응시키면 지방은 지방산나트륨염이 된다. 이것이 **비누** 분자다. 도표의 비누 분자 중 '$CH_3 \cdot CH_2 \cdots$'로 나타낸 부분이 있다. 이것은 탄소 사슬이라고 하는데, 이온성이 아니라서 물에 풀리지 않는다(소수성이라고 한다). 반면 COO^- Na^+ 부분은 이온성이라서 물에 잘 풀리는 친수성이다. 즉 비누 분자는

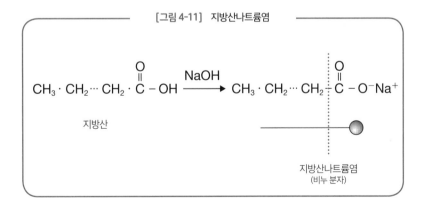

[그림 4-11] 지방산나트륨염

$$CH_3 \cdot CH_2 \cdots CH_2 \cdot \overset{\overset{O}{\|}}{C} - OH \xrightarrow{\ NaOH\ } CH_3 \cdot CH_2 \cdots CH_2 \vdots \overset{\overset{O}{\|}}{C} - O^- Na^+$$

지방산

지방산나트륨염
(비누 분자)

한 분자 안에 소수성 부분과 친수성 부분을 모두 가진 것이다. 이런 분자를 **양친매성 분자**라고 한다. 보통 양친매성 분자를 도식으로 나타낼 때는 친수성 부분을 ●, 소수성 부분을 직선으로 표시해서 마치 성냥개비처럼 그린다.

양친매성 분자를 물에 녹이면 친수성 부분은 물속으로 들어가지만, 소수성 부분은 물속에 들어가기를 싫어한다. 그 결과 양친매성 분자는 〈그림 4-12〉처럼 마치 물구나무선 듯한 형태로 수면에 뜬다.

농도를 높이면 수면은 양친매성 분자로 **빽빽**하게 채워진다. 이 상태의 양친매성 분자 무리는 마치 조회 시간 운동장에 모인 초등학생들의 검

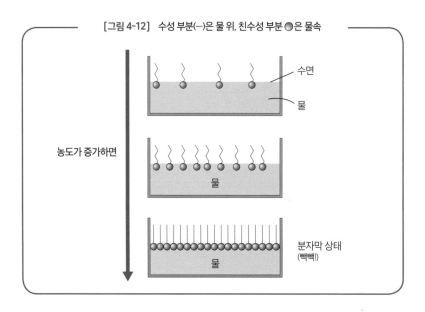

[그림 4-12] 수성 부분(─)은 물 위, 친수성 부분 ●은 물속

농도가 증가하면

수면
물

물

분자막 상태
(빽빽!)
물

제 4 장 지방이 몸을 건강하게 만든다!

은 머리가 다닥다닥 붙어 있는 모습처럼 막을 형성한다. 그래서 이 상태의 분자 집단을 보통 **분자막**이라고 부른다. 비눗방울의 막은 이 분자막이 2겹으로 이루어져 있고 막과 막 사이에 물 분자가 끼어 있다.

세포막은 비눗방울의 막을 복잡하게 만든 것이나 다름없다. 물론 세포막을 만드는 양친매성 분자는 비누 분자가 아니지만 크게 다르지는 않다. **세포막의 양친매성 분자도 지방으로 만들어지기 때문이다.** 화학적으로 자세한 내용은 생략하지만, 세포막은 비눗방울의 막처럼 분자막 2겹이 소수성 부분끼리 마주 보도록 겹쳐진 상태다.

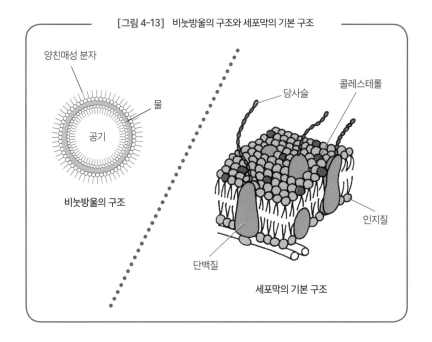

[그림 4-13] 비눗방울의 구조와 세포막의 기본 구조

양친매성 분자

물

공기

비눗방울의 구조

당사슬

콜레스테롤

인지질

단백질

세포막의 기본 구조

분자막의 특징은 바로 '분자 사이에 결합이 없다'는 점이다. 그래서 분자막을 구성하는 분자는 막 내부를 자유롭게 돌아다닐 수 있을 뿐 아니라 막에서 자유롭게 벗어나거나 되돌아올 수도 있다.

세포막은 분자막으로 이루어져 있으므로 세포막을 구성하는 분자 역시 자유로이 이동할 수 있다. 세포막의 이러한 역동성이 생명의 역동성을 낳았을 것이다. 만일 세포막이 비닐 랩처럼 분자의 이동을 가로막는 형태였다면 생명은 탄생하지 않았을 것이다.

세포막에는 단백질이나 콜레스테롤 같은 '불순물'이 많이 낀다. 이 불순물들은 마치 남극해를 떠다니는 빙산처럼 마음대로 돌아다닌다.

제 4 장 지방이 몸을 건강하게 만든다!

25

기름과 화재에 관한 지식

튀김의 인화점과 발화점

집에서 튀김을 요리할 때는 기름을 대량으로 다루게 된다. 냄비에 식물성 기름을 1리터나 부어서 불에 얹는다. 집에서 하는 조리 작업 중에서도 특히 위험한 작업이다. 요리에 익숙하지 않은 사람이 피망을 튀기려고 통째로 기름 속에 넣는다면, 피망 내부의 공기가 팽창하면서 폭발해버릴 것이다. 뜨거운 기름이 튀면서 화상을 입을 수 있다.

게다가 자칫하면 기름에 불이 붙어서 화재로 이어진다. 새우만 해도 꼬리 끝의 밀폐된 공간 안에 물이 가득 차 있어서 그대로 튀김 냄비에 넣으면 폭발한다. 화산에서 일어나는 수증기 폭발과 같은 원리다.

기름으로 인한 화재는 어떻게 일어나는 걸까? 물질이 타려면 온도가 필요하다. '불이 붙는 온도'에는 2종류가 있다. **인화점**과 **발화점**이다.

튀김 냄비에 기름을 붓고 기름 근처로 성냥불을 가져가도 성냥을 기름 속에 떨어뜨리지 않는 한 불이 붙지는 않는다. 그런데 기름이 끓어서 일정 온도가 넘어가면 성냥불을 가까이 가져가기만 해도 기름이 타오른다. 이 온도가 인화점이다. 요컨대 가까이에 불씨가 있으면 타오르는 온도가 인화점인 것이다. **튀김기름의 인화점은 316℃**로 알려져 있다.

인화점이 넘어서도 기름을 계속 끓이면 어떻게 될까? 성냥불을 가까이 대지 않아도 갑자기 기름 스스로 불꽃을 일으키며 타오른다. 이 온도가 **발화점**이며 튀김기름의 발화점은 340~370℃로 알려져 있다. 튀김기름의 경우 인화점과 발화점의 온도 차이가 가까운 것이다.

튀김에 알맞은 온도는 180℃ 정도다. 깜빡하고 계속 끓여서 250℃가 되면 기름에서 희미하게 연기가 피어오르고 이상한 냄새가 나기 시작한다. 인화점인 316℃에 이르면 가스레인지의 다른 화구에서 불을 사용하고 있을 경우 불이 튀김기름에 옮겨붙는다. 발화점인 340℃에 다다르면 설령 전기 레인지를 사용해서 불기운이 없더라도 기름 혼자 타오른다.

튀김은 화상이나 화재의 위험을 안고 있는 작업이다. 자신이 없다면 무리하지 말고 슈퍼마켓에서 사거나 음식점에 가서 먹는 음식이라고 생각하는 편이 현명할지도 모른다.

튀김기름으로 인한 화재에 분말 소화기?

소화기는 식품과는 아무 관계도 없지만 주방과는 밀접한 관계가 있다. 주방에서 일어나는 화재 때문이다. 소화기는 '한 집에 1대 이상 있는 필수품'으로 여겨진다. 사기만 하면 그만이라고 생각하지 말고 꼭 주방에 두길 바란다.

다만 샀다 한들 사용법을 모르면 무용지물이다. 소화기는 불을 끄는 데 사용해야 의미가 있기 때문이다. 그런데 막상 연습하려고 해도 소화기는 한 번 분사하면 더 이상 사용할 수 없다. 그걸로 끝이다. 연습이 힘들다. 만약 집 근처 소방서나 자치구에서 화재 예방 교육을 해서 소화기 사용법 시연을 볼 기회가 있다면 꼭 참가해보자. 아니면 유튜브로 소화기 사용법 동영상을 보는 것도 괜찮다.

분말 소화기는 의외로 세차게 분사된다. 튀김 냄비를 향해 분사하면 냄비가 뒤집혀서 불이 마구잡이로 퍼질 수도 있다. 튀김기름으로 인한 화재에는 '투척식 소화기'가 사용하기에 편리하다. 투척식이라고 해도 대포의 포탄처럼 생기지는 않았다. 플라스틱 꽃병처럼 만들어진 제품도 있다. 꽃병 안에는 탄산칼륨(K_2CO_3)이 들어 있는데, 탄산칼륨이 지방과 반응해서 지방을 고체 비누로 바꿔 버린다. 냄비에 든 기름의 표면이 비누처럼 굳어서 기름에 산소가 닿지 못하도록 방해함으로써 불이 꺼지는 구조다.

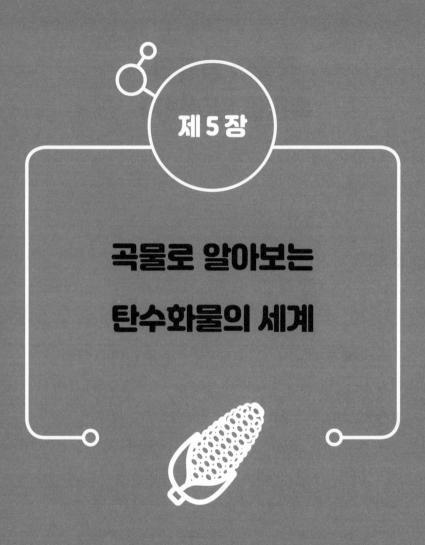

제 5 장

곡물로 알아보는
탄수화물의 세계

곡물의 종류와
특징을 알아보자

식량으로, 그리고 에너지로

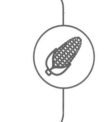

세계에는 많은 민족이 있고 주식으로 하는 곡물은 민족마다 다르다. 주식의 역사는 상당히 길어서 어지간한 일로는 다른 곡물로 변경할 수 없다는 배경이 있다. 먼저 주요 곡물의 종류와 특징부터 살펴보자.

- **쌀** 열대에서 온대 지역에 속하는 다우 지대에서 재배된다. 그래서 주요 산지는 동아시아에서 동남아시아, 인도에 걸친 넓은 지역이고, 브라질과 아프리카 등을 포함해 광범위한 지역에서 주식으로 한다.
- **밀** 온대 지역을 중심으로 다소 건조한 지역에서 재배하기 좋다. 유럽과 북미, 호주, 뉴질랜드, 중동, 중국 북부 지방, 인도 등 넓은 지역

제 5 장 곡물로 알아보는 탄수화물의 세계

| 쌀 | 밀 | 보리 | 귀리 |

에서 주식으로 한다.

- **보리**　**맥주 양조용 맥아 및 사료용으로 쓰인다.** 한랭한 티베트에서는 주
  식으로 한다.

- **귀리**　과거에는 스코틀랜드의 주식이었다. 세계 전체로 보면 사료,
  특히 말 사료로 많이 쓰인다. 영국에서는 오트라고 부르며 오트밀은
  귀리로 만든다.

- **호밀**　북유럽, 독일, 러시아 등 한랭한 지역에서 주식으로 한다.

- **옥수수**　다소 건조한 지역에서 재배하기 좋다. **중남미나 아프리카에서
  는 주식**이지만 그 밖의 지역에서는 주로 사료로 쓰인다.

- **수수**　중국에서는 고량이라고 부른다. 건조한 기후에 강한 편이다.
  아시아와 아프리카에서 널리 재배되며 미국에서도 재배된다. 아프리
  카 및 남아시아 일부에서는 중요한 주식이지만, 그 외의 지역에서는

거의 사료용으로 쓰인다.

- **메밀** 유라시아 전역에서 재배되며 팬케이크, 메밀국수, 메밀죽 등 다양한 방식으로 먹는다.

- **잡곡** 위에서 소개한 곡물을 제외한 각종 곡물(기장, 피, 율무 등)을 말하며 주로 아시아와 아프리카에서 재배된다.

- **3대 곡물** 쌀, 밀, 옥수수를 세계 3대 곡물이라고 한다. 생산량과 소비량 모두 다른 곡물보다 월등히 많다.

식품 디테일 사전

바이오 연료, 식량인가 연료인가?

인류에게 곡물은 식량으로서도 중요하지만 에너지로서도 의미가 크다. 현재 널리 사용되는 에너지원에는 원자력 발전, 화력 발전이 있고, 재생 가능 에너지 중에는 풍력 발전, 수력 발전, 태양광 발전 등이 있다. 현재 사용되는 주요 에너지는 화력 발전으로 만들어지며, 화력 발전의 원료로는 석탄, 석유, 천연가스 같은 화석 연료가 쓰인다.

화석 연료를 태우면 이산화탄소가 발생해 지구 온난화가 진행된다. 그래서 바이오 연료가 주목받고 있다. 바이오 연료는 전통적인 목탄, 발효를 통해 얻는 메탄가스 등 여러 종류가 있는데, 자동차 같은 내연기관용으로 개발된 것이 알코올 연료다. 이 연료는 글루코스(포도당)를 알코올 발효시켜 에탄올을 만드는 방식으로 얻는다. 글루코스의 원료는 녹말이다. 그래서 현재 바이오 알코올 연료의 원료는 옥수수다.

앞에서 곡물의 종류와 특징을 살펴봤듯이 옥수수는 많은 민족의 주식이다. 주식을 연료로 바꿔도 괜찮을까? 가난한 사람이 주식을 빼앗기지는 않을까?

풀이든 나무든 식물의 몸은 셀룰로스로 이루어져 있다. 셀룰로스는 녹말과 마찬가지로 글루코스로 이루어져 있다. 소와 양은 셀룰로스를 분해해 글루코스로 변환하는 방식으로 영양분을 공급받는다. 셀룰로스를 분해하는 적당한 균을 배양한다면 식량 문제와 에너지 문제를 한꺼번에 해결할 수 있지 않을까?

27

세계를 기아로부터
구해낸 식량 증산

비료, 농약, 녹색혁명

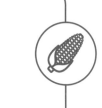

〈그림 5-1〉은 연도별 세계 인구의 변화를 나타낸 그래프다. 2020년 이후는 유엔(UN)의 예상치지만, 크게 잡은 예상치와 적게 잡은 예상치 사이에 격차가 크다는 점이 놀랍다. 크게 잡은 예상치에서 2100년의 세계 인구는 140억 명으로 지금의 2배, 적게 잡은 예상치에서는 65억 명으로 지금보다 줄어든다. 거기다 1940년 이후의 인구 성장세는 무서울 정도다. 반세기 정도 만에 3배 가까이 늘어났다.

인구가 늘면 소비하는 식량도 늘어난다. 아니, 반대일지도 모른다. 어쩌면 식량을 늘릴 수 있었기에 인구가 늘어났는지도 모른다. 그렇다면 어떻게 식량을 늘릴 수 있었을까?

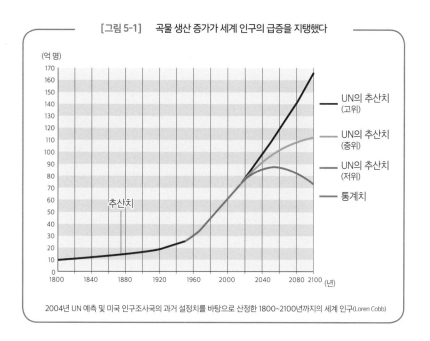

[그림 5-1]   곡물 생산 증가가 세계 인구의 급증을 지탱했다

곡물, 채소, 과일 등 식물성 식량이 늘어난 원인 중에는 화학 비료의 등장이 큰 부분을 차지한다. 식물은 적당한 비료가 없으면 제대로 자라지 않는다. 식물에는 3대 영양소가 있다. 잎과 줄기 등 식물의 본체를 자라게 하는 질소(N), 꽃과 열매를 자라게 하는 인(P), 뿌리를 자라게 하는 칼륨(K)이다. **3대 영양소인 질소, 인, 칼륨 중에서도 특히 질소가 중요**하다.

질소는 공기의 부피 중 80%를 차지한다. 자원으로서는 무한하다고 해도 좋을 정도다. 하지만 콩과(科) 등 특수한 식물을 제외하고는 공기 중의 질소를 비료로 흡수할 수 없다. 옛날에는 부엽토나 퇴비를 비료로

썼지만 인구가 증가하면서 공급이 턱없이 부족해졌다.

그러던 차인 1906년, 독일 과학자 하버와 보슈가 공중 질소의 인공 고정법을 발표했다. 이 방법은 하버·보슈법이라고 불리는데, 물을 전기 분해해서 얻은 수소 가스(H_2)와 공기 중의 질소 가스(N_2)를 400~600℃, 200~1,000기압이라는 고온·고압에서 촉매를 이용해 암모니아(NH_3)를 만드는 방식이다. 이후 두 사람은 노벨상을 받았다.

이런 방식으로 생성한 암모니아를 산화하면 질산(HNO_3)이 되는데, 질산과 암모니아를 반응시키면 질산암모늄(NH_4NO_3)이 된다. 이것은 보통 초안이라고 불리며, 한 분자에 질소 원자가 2개나 있어 훌륭한 질소 비료로 쓰인다. 또 질산을 칼륨(K)과 반응시키면 질산칼륨(KNO_3)이 된다. **질산칼륨은 3대 영양소 중 질소와 칼륨을 동시에 공급하는 비료**다. 이렇게 화학 비료가 개발되면서 세계 곡물 생산량은 크게 증가했다.

곡물 생산량이 증가한 또 다른 요인은 살충제와 살균제 같은 농약 개발이다. DDT가 그 선두 주자였다. DDT는 유기 염소 화합물이라고 불리는 화학 물질의 일종으로 염소(Cl)가 들어 있는 유기 화합물이다.

DDT는 1873년에 처음 합성되었으나 마땅히 용도를 찾지 못한 채 오랜 시간 방치되었다. 그런데 1939년 스위스 과학자 뮐러가 살충 효과를 발견했다. 이 발견으로 DDT는 제2차 세계대전 때 전쟁터에 방치된 수많은 전사자의 시신에 몰려드는 파리와 구더기 떼를 제거하는 데 획기적인 위력을 떨쳤다. 뮐러는 이 업적으로 1948년 노벨상을 받았다.

[그림 5-2]　곡물 생산 증가에 기여한 농약

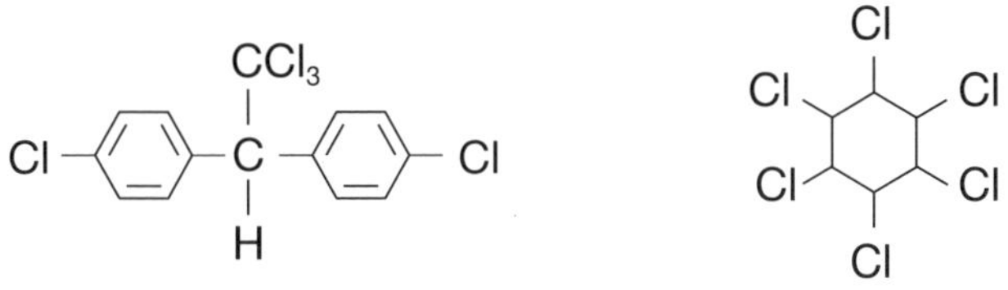

DDT

BHC

그런데 DDT, BHC 등의 염소 계열 살충제가 인간에게도 해를 끼치는 것으로 밝혀져 그 대신 인 계열 살충제가 개발되었고, 지금은 네오니코티노이드 계열이라는 새로운 유형의 살충제가 사용되고 있다.

이렇게 **농약**이 개발되자 여문 곡식이 벌레에 해를 입는 일이 사라졌고 식물이 병에 걸리는 일도 줄어들었다.

이런 화학적인 수단을 통한 수확량 증대, 말하자면 하드웨어적 측면에서의 대책과 함께 효과가 있었던 방안으로 훗날 **녹색혁명**이라고 불린 소프트웨어적 측면에서의 대책이 있었다.

보통 비료는 식물이 빨리 성장하게 하지만 반드시 좋게만 작용하는 것은 아니다. 곡물의 재래 품종은 비료를 일정량 이상 주면 수량이 줄어든다. 줄기가 어느 정도 이상으로 자라면 이삭의 무게 때문에 쓰러지기 쉽기 때문이다.

그런데 마침 멕시코에서는 줄기가 짧고 수확량이 증대된 밀 품종군이, 필리핀 등에서는 신품종 벼인 IR8이 개발되면서 고수확 품종이 새로 도입되었다. 이들 **키 작은 품종은 작물이 잘 쓰러지지 않아서 비료량을 늘리면 그에 따라 수확량이 늘어났고, 기후 조건에 크게 영향을 받지 않아서 안정적으로 생산**할 수 있었다.

녹색혁명에 기여한 또 다른 요인으로는 관개 시설 정비, 병충해 예방, 기술 향상, 농작업 기계화도 꼽을 수 있다.

녹색혁명이라는 용어는 1968년 미국 국제개발처에서 만들었다. 녹색

──── [그림 5-3]　녹색혁명으로 인해 식량 생산이 큰 폭으로 증가 ────

(단위: 100만 톤)

	1961년	2008년	2009년	2010년
쌀	285	689	685	672
밀	222	683	687	651
보리	72	155	152	123
귀리	50	26	23	20
호밀	35	18	18	12
라이밀	12	14	16	13
옥수수	205	827	820	844
수수	41	66	56	56
메밀	2.5	2.2	1.8	1.5
잡곡	26	35	27	29

위키피디아 참조

제 5 장　곡물로 알아보는 탄수화물의 세계

혁명으로 1960년대 중반까지 위태롭게 여겨졌던 아시아의 식량 위기를 피할 수 있었다. 뿐만 아니라 수요 증가를 웃도는 공급 증가로 식량 안보가 확보되었으며, 곡물 가격이 장기적으로 하락 추세를 보이면서 도시 근로자를 중심으로 한 소비자들도 큰 혜택을 누렸다.

멕시코에 있는 국제옥수수밀연구소에서 다수확 품종 개발에 힘써 녹색혁명에 크게 공헌한 노먼 볼로그는 '역사상 그 누구보다 많은 생명을 구한 인물'로 1970년에 노벨상을 받았다.

〈그림 5-3〉은 1961년, 2008년, 2009년, 2010년의 곡물 생산량과 그 추이를 나타낸 표다. 1961년에는 3대 곡물인 쌀, 밀, 옥수수가 세계 곡물 생산의 75%를 차지했다. 그런데 그 후 녹색혁명의 영향으로 3대 곡물인 쌀, 밀, 옥수수의 생산량이 폭발적으로 증가했음을 알 수 있다. 한편 호밀과 귀리 생산량은 1960년대에 비해 크게 감소했다.

하버·보슈법의 부정적인 측면

하버·보슈법으로 인해 대량 생산할 수 있게 된 질산은 각종 폭약의 기본 원료다. 비료로도 쓰이는 실산칼륨은 예전에는 초석이라고 불렸으며 가장 오래된 화약 중 하나인 흑색 화약의 주요 원료였다. 질산암모늄 역시 그 자체로도 폭발력이 높아서 종종 역사에 남는 큰 폭발 사고를 일으킨다.

더욱 중요한 점은 질산이 폭약으로 유명한 다이너마이트와 트라이나이트로톨루엔(TNT)의 원료라는 것이다. 그전까지는 질산의 원료인 초석을 손에 넣으려면 광산에서 캐거나 사람의 소변에서 얻어야 했다. 초석의 양이 제한적일 수밖에 없었다. 초석이 다 떨어지면 질산을 만들 수 없으니 총을 쏠 수도, 폭탄을 만들 수도 없었다. 다시 말해 칼을 휘두르는 방법밖에 없었던 것이다.

그런데 하버·보슈법 덕택에 식량 생산만 늘어난 게 아니라 폭약까지 무궁무진하게 만들 수 있게 되었다. 제1차 세계대전, 제2차 세계대전도 하버·보슈법의 부정적인 측면이었다고 볼 수 있다. 지금도 세계 곳곳에서는 지역 분쟁이 끊이지 않고 있다.

각기병과 비타민 B1

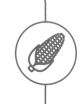

무지와 아집이 불러온 비극

주요 곡물의 영양가를 〈그림 5-4〉에 정리했다. 곡물별로 칼로리는 크게 다르지 않다. 밀과 메밀은 단백질이 많이 들어 있다. 옥수수는 지방이 많고, 그에 따라 포화 지방산의 양도 많다. 식이섬유는 쌀과 메밀이 눈에 띄게 적다.

현미와 정백미를 비교하면 지방과 식이섬유에서 큰 차이를 보인다. 백미가 되면 지방은 1/3로 줄고 식이섬유는 1/6로 줄어든다. 백미에 익숙해진 현대인에게 현미를 권하기는 어렵겠지만 영양 면에서 현미가 더 뛰어난 것만은 분명하다.

[그림 5-4]   곡물의 영양가

100g당

	칼로리 kcal	수분 g	단백질 g	총지방 g	포화 지방산 g	콜레 스테롤 mg	탄수 화물 g	식이 섬유 g	식염 상당량 g
현미	353	14.9	6.8	2.7	0.62	(0)	74.3	3.0	0
정백미	358	14.9	6.1	0.9	0.29	(0)	77.6	0.5	0
찹쌀	359	14.9	6.4	1.2	0.29	(0)	77.2	(0.5)	0
밀(박력분)	367	14.0	8.3	1.5	0.34	(0)	75.8	2.5	0
보리(쌀보리)	343	14.0	7.0	2.1	(0.58)	(0)	76.2	8.7	0
옥수수	350	14.5	8.6	5.0	(1.01)	(0)	70.6	9.0	0
메밀	361	13.5	12.0	3.1	0.60	(0)	69.6	4.3	0

(수치): 추산치, (0): 문헌 등을 바탕으로 함유되어 있지 않다고 추정
일본 식품표준성분표(제7개정판)에서

영양 면에서 백미에 문제가 있다는 것은 잘 알려진 사실인데, 가장 큰 문제로는 비타민 B1 부족을 꼽을 수 있다. 비타민 B1이 부족하면 각기병이 생긴다. 일본에서 각기병은 에도 시대부터 알려져 있었는데, 당시에는 에도(도쿄의 옛 이름-옮긴이)에 많은 병이라고 해서, '에도병'이라고 불리기도 했다.

그 당시 시골에서는 현미밥을 먹어서 각기병에 걸리는 사람이 거의 없었지만, 에도에서는 삼시세끼 흰쌀밥을 먹었으므로 비타민 B1이 부족해졌다. 이처럼 각기병은 에도에 사는 사람이 많이 걸리는 병이라는 의미로 '에도병'이라고 불렸는데, 당시 사람들은 각기병의 원인이 백미를 먹

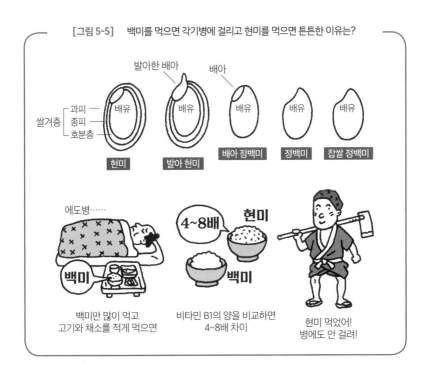

[그림 5-5] 백미를 먹으면 각기병에 걸리고 현미를 먹으면 튼튼한 이유는?

발아한 배아

배아

쌀겨층 — 과피 — 배유 배유 배유 배유 배유
종피
호분층

현미 발아 현미 배아 정백미 정백미 찹쌀 정백미

에도병……

백미

현미
4~8배
백미

백미만 많이 먹고
고기와 채소를 적게 먹으면

비타민 B1의 양을 비교하면
4~8배 차이

현미 먹었어!
병에도 안 걸려!

어서인 줄은 몰랐다. 비타민에 대한 지식도 물론 없었다.

이 상황은 메이지 시대에 들어서도 달라지지 않았다. 각기병 문제에
맞닥뜨린 것은 많은 군사를 거느린 군대, 특히 육군이었다. 군사들 사이
에서 각기병 환자가 끊이지 않았던 것이다. 문제에 해결책을 찾은 쪽은
해군이었다. 1884년, 훗날 해군 군의총감이 된 **다카기 가네히로**는 각기병
환자가 하사관 이하 계급에 많고 장교는 적다는 점을 발견하여 '각기병
의 원인은 군사의 식사에 있다'고 판단했다. 그래서 전체 군사들의 식사

를 양식으로 바꿨다. 하지만 병사들이 빵을 싫어했기에 이듬해에는 주식을 보리밥으로 변경했다. 그러자 각기병 환자는 감소했다.

다카기는 영국식 실증주의 의학을 공부했다. 육군은 정반대였다. 훗날 육군 군의총감이 된 **모리 오가이**(모리 린타로)는 독일식 이론주의 의학을 공부했다. 당시에는 비타민이라는 개념이 없었으므로 '질병은 세균으로 인해 발생하며, 식사로 인해 발생하는 증상은 영양 부족 정도'라고 완고하게 믿었다고 한다. 이 때문에 해군이 애써 실시한 실험적 개혁에서 좋은 결과가 나왔는데도, 그 방법을 도입하기는커녕 해군의 방법이 비논리적이라고 비난했다. 그 결과 해군도 몇 년 뒤 식사를 원래대로 되돌렸고 각기병 환자는 급격하게 증가했다.

29

탄수화물을
과학의 눈으로 보면

왜 우유를 마시면 뱃속이 부글부글 끓을까?

곡물의 주요 성분은 녹말이다. **녹말은 '탄소'와 '물'이 적당한 비율로 결합한 것으로 볼 수 있어서 '탄수화물'**이라고도 불린다. 탄수화물은 종류도 분류 방식도 다양하지만 영양 측면에서는 〈그림 5-6〉과 같이 분류한다.

요컨대 인간이 소화 흡수해서 영양분으로 삼을 수 있는 **당질**과 영양분으로 삼을 수 없는 식이섬유로 분류한다. 그리고 당질을 **당류**와 기타로 분류한다. 당류에는 단당류와 이당류가 있고, 기타로 다당류와 당알코올이 있다. 복잡한 것은 식이섬유 대부분이 다당류라는 점인데, 이 부분은 다음 장에서 알아보겠다.

단당류는 탄수화물 중에서 크기가 가장 작은 것이라고 생각하면 된다. 단당

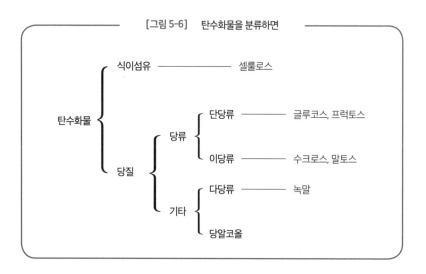

[그림 5-6]　　탄수화물을 분류하면

식이섬유 ──────── 셀룰로스

탄수화물

당질

당류

단당류 ──────── 글루코스, 프럭토스

이당류 ──────── 수크로스, 말토스

기타

다당류 ──────── 녹말

당알코올

류의 대표 주자는 포도당(글루코스)과 과당(프럭토스)이다. 단당류는 앞으로 살펴볼 이당류와 다당류를 만드는 기본 원료라고 할 수 있다.

　이당류는 단당류 2개가 탈수 축합해서 만들어진다. 글루코스 2개가 결합한 것은 맥아당(말토스)이라고 한다. 물엿과 위스키의 원료다. 그리고 글루코스와 프럭토스가 결합한 것이 설탕(자당, 수크로스)이다. 우유에 들어 있는 유당(락토스)도 이당류의 일종이며 포도당과 갈락토스라는 2가지 단당류로 이뤄져 있다. 유당은 체내에서 락타아제라는 효소에 의해 분해되는데, 락타아제 양이 적은 사람은 충분히 분해하지 못할 수 있다. 즉 우유에 들어 있는 유당을 분해하는 능력이 부족해서 뱃속이 부글부글 끓거나 한다. 이런 증상을 유당 불내증이라고 하며 몸 상태가 점점 더 나빠진다.

단당류가 많이 결합한 것을 다당류라고 한다. 다당류도 종류가 다양하다. **녹말은 포도당으로 이루어진 다당류**인데, 결합한 포도당 개수가 수천에서 수만 개에 이른다. 요컨대 녹말은 사슬처럼 연결된 구조인 것이다.

식이섬유는 셀룰로스라는 다당류인데, 이것 또한 포도당으로 이루어져 있다. 그러나 포도당과 포도당을 연결하는 결합의 종류가 녹말과는 다르다. 그래서 **인류는 녹말을 분해할 수 있지만 셀룰로스는 분해할 수 없어서** 영양 공급원으로 이용할 수도 없다. 그에 반해 염소나 소 같은 초식 동물은 소화관 안에 셀룰로스를 분해할 수 있는 미생물을 가지고 있어서 풀을 영양 공급원으로 삼을 수 있다.

그 밖의 다당류로는 건강 보조 식품으로 유명한 콘드로이틴, 히알루론산, 키틴질 등이 있다. 게의 등딱지가 탄수화물의 일원이라니 의외일지도 모르지만 자연계에는 의외인 일이 아주 많다.

앞에서 '녹말은 사슬처럼 연결돼 있다'고 했는데, 물론 그렇게 단순하지는 않다. 녹말에는 아밀로스와 아밀로펙틴이라는 2종류가 있는데, 이 2가지는 실제 조리와도 관련이 아주 깊다.

아밀로스는 포도당이 사슬 모양으로 연결된 구조다. 아밀로펙틴과 결정적으로 다른 점은 이 '사슬 모양'이다. 간단히 말해 아밀로스는 털실처럼 일직선 형태의 분자다. 하지만 분자는 한 가닥만으로 이루어진 게 아니라 털실처럼 생긴 분자가 나선 구조(입체 구조)를 이루고 있다. 앞에

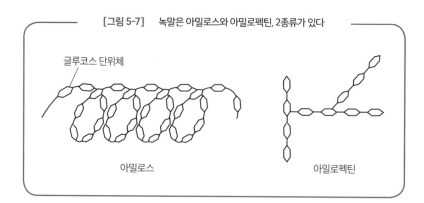

[그림 5-7] 녹말은 아밀로스와 아밀로펙틴, 2종류가 있다

글루코스 단위체

아밀로스

아밀로펙틴

서 본 단백질과 마찬가지다.

교과 과정에 **아이오딘 녹말 반응** 실험이 있다. 녹말에 아이오딘(I_2) 용액을 넣으면 녹말 색깔이 보라색으로 변하는 반응이다. 이것은 녹말의 나선 구조 속에 아이오딘 분자(I_2)가 끼어들어 가면서 일어나는 현상이다.

우리가 밥으로 먹는 쌀(멥쌀)에 들어 있는 녹말 중 약 20%는 아밀로스다. 그렇다면 나머지 80%는 무엇일까? 바로 아밀로펙틴이다. 그리고 **찹쌀에 들어 있는 녹말은 모두 아밀로펙틴**이다. 아밀로펙틴의 구조는 〈그림 5-7〉에서 볼 수 있듯 일직선이 아니라 가지처럼 뻗은 형태다. 떡이 쫀득쫀득한 이유는 이렇게 가지처럼 뻗은 형태 덕분에 분자가 뒤엉키기 때문이다.

갓 지은 밥은 부드럽고 맛있지만 식어서 딱딱해진 밥은 맛이 없다. 이것은 녹말이 열로 인해 변화하기 때문이다. 아밀로스는 나선 구조를 유지하기 위해 사슬 곳곳이 약하게 결합해 있다. 이런 결합을 수소 결합이라고 하고, 나선 상태(결정 상태)가 촘촘한 녹말을 베타(β) 녹말이라고 한다. 생곡물의 녹말은 베타 녹말이다. 베타 녹말을 물에 넣고 가열하면 수소 결합이 끊어지면서 나선 구조가 무너지고 결정 구조가 파괴된다. 이러한 녹말을 알파(α) 녹말이라고 한다. 요컨대 생쌀은 베타 녹말, 밥은 알파 녹말인 것이다.

알파 녹말은 구조가 느슨하므로 효소가 분자 내부로 들어가서 소화하기가 쉬워진다. 하지만 이 상태에서 차게 식히면 원래의 베타 녹말로 되돌아간다. 이것이 바로 찬밥 상태다. 하지만 수분이 없으면 아무리 시간이 지나도 알파 녹말 상태 그대로다.

이집트에서는 빵으로 맥주를 만들었다고?

피라미드를 만들던 무렵의 이집트에서는 노동자에게 빵이 지급되었다. 노동자들은 먹다 남은 빵을 며칠간 물에 담가 맥주를 만들어 먹었다고 한다. 이게 정말 가능할까?

빵을 만들 때는 물로 반죽한 밀가루에 이스트(효모균)를 넣고 잠시 방치한다. 그러면 이스트가 알코올 발효를 일으켜 포도당을 분해하면서 알코올(에탄올(CH_3CH_2OH))과 이산화탄소를 발생시킨다. 이 이산화탄소가 거품이 되어 빵 반죽을 부풀린다.

현대의 빵은 이 반죽을 고온에서 가열하므로 효모균이 죽어 버린다. 그런데 이집트 시대의 빵은 속까지 익지 않았던 듯하다. 즉 다코야키처럼 속이 덜 익은 상태였던 것이다. 이 상태에서는 이스트가 살아남아 있어서 빵을 물에 담그면 다시 알코올 발효를 시작하며 맥주(홉은 없음)를 만들었을 것이다.

30

유전자 편집은
농업에 어떤 효과를 가져올까?

인간은 오랜 세월에 걸쳐 작물의 수확량과 내병성(병에 잘 걸리지 않거나 병에 강한 성질-옮긴이)을 높이기 위해 계속해서 품종을 개량해왔다. 이때 **원하는 성질을 가진 작물끼리 교배하는 방식**을 사용했는데 교배에는 한계가 있었다. **종의 장벽을 넘기란 어려운 일이기 때문**이다. 볏과인 쌀과 콩과인 콩을 교배해도 다음 세대로 이어지는 '결실이 있는 열매'는 맺히지 않는다.

더 나아가 식물과 동물의 교배쯤 되면 생각만으로도 황당하기 짝이 없다. 그런데 유전자에 관한 지식과 다루는 기술이 급속하게 발전한 현대에는 그런 뒷골이 서늘해지는 악몽 같은 일이 실제로 일어날 수 있다.

유전자(게놈)는 핵산(DNA) 속에 들어 있으며 생물의 유전 정보를 모아

둔 물질이다. 유전자 연구는 20세기 중반부터 20세기 말에 걸쳐 눈부시게 발전했다. 현대는 이 지식과 기술을 실현하는 세대에 들어섰다고 할 수 있다. 유전자를 조작할 수 있다면 종의 장벽도 뛰어넘을 수 있다. 그리고 그것이 실현되고 있다. 바로 유전자 재조합과 유전자 편집이다. 가축으로까지 시야를 넓히면 복제 기술과 줄기세포 기술도 이 범주에 속한다고 할 수 있다.

유전자 재조합은 어떤 생물종의 DNA를 추출하고, 거기에 전혀 다른 생물종의 DNA를 덧붙여 새로운 DNA를 합성한 다음, 그것을 바탕으로 새로운 종을 만들어 성장시키는 기술이다. 이것은 신화의 세계에 등장하는 어깨 위는 인간이고 아래는 소인 생물, 혹은 상반신은 아름다운 여성이고 하반신은 뱀인 키메라를 가능하게 하는 기술이라고 해도 과언이 아니다.

현대의 유전자 재조합 기술로 인해 고품질에 수확량이 많고 병충해에 강한 우수한 작물이 여러 종 탄생했으며, 실제로 시장에도 나왔다. 이것이 유전자 재조합 작물이다. 일본에서는 이런 작물을 재배, 육성하지 않지만 수확된 작물의 수입은 일부 품종만 허가된 상태다. **유전자 재조합으로 수입이 허가된 작물은 총 8종으로 콩, 감자, 유채, 옥수수, 면화, 사탕무, 알팔파, 파파야**다(한국은 총 7종으로 파파야를 제외하면 일본과 동일하다-옮긴이).

유전자 재조합 작물의 안전성에 회의적인 의견도 있다. 하지만 실험에서 이상이 발견된 적은 없으며 실제로도 해가 발생한 일은 없다고 알려져 있다. 다만 유전자 재조합은 개발된 지 얼마 되지 않은 기술이다. 서두르기보다는 안정성을 확인하면서 찬찬히 진행하는 편이 현명할 듯하다.

유전자 재조합이 비판적인 의견에 가로막혀 있는 데 반해 유전자 편집은 최근 들어 주목 받고 있다. 유전자 편집이란 말 그대로 유전자를 편집하는 기술이다. 다시 말해 DNA 하나를 자르거나 연결해서 수정(편집)하는 기술이다. 이 기술의 기본은 '다른 개체의 유전자를 덧붙이지 않는다'는 점이다. 따라서 유전자 재조합 같은 키메라가 생길 가능성은 없다.

그렇다면 농업과 축산에서 유전자 편집 기술은 어떤 식으로 유용하게 쓰일 수 있을까? 그것은 생산에 불리하고 불필요한 유전자를 완전히 제거할 수 있다는 점이다. 예를 들어 참돔은 근육량을 일정 수준 이상으로 늘리지 않는 유전자를 갖고 있다고 한다. 그런데 이 유전자를 '편집'해서 제거해주면 기존 참돔보다 20%나 근육량이 많은 몸짱 참돔이 탄생한다.

이러한 기술을 '좋다'고 할지 어떨지는 어려운 문제다. 음식으로 보자면 살이 많은 참돔이 좋다. 하지만 이런 참돔이 바다에 널리 퍼진다면 작은 물고기들은 곤란할 수도 있지 않을까? 개울에 블랙배스(먹성이 뛰어나고 덩치가 커서 모든 서식지에서 상위 포식자로 군림하는 물고기-옮긴이)가 등장한 것 같은 상황이 되지 않을까?

녹색혁명

이번 장에서 소개한 '녹색혁명'은 1940년대부터 1960년대에 걸쳐 세계적으로 진행된 농업 혁명 운동을 말한다. 혁명이라고는 해도 결코 징지적이거나 파괴적인 개혁 운동이 아니다. 어디까지나 과학적인 검토를 바탕으로 꾸준히 이루어진, 그러나 이전의 농업 기법과 비교하면 역시 '혁명'이라고 이름 붙일 만한 운동이었다.

이 운동은 농업 혁명의 하나로 받아들여졌고, 제창자인 미국 농학자 노먼 볼로그는 1970년에 '역사상 그 누구보다 많은 생명을 구한 인물'로 노벨 평화상을 받았다. 그러나 어떤 시대에도 어떤 위대한 업적에도 이의를 제기하는 사람은 있게 마련이다. 볼로그는 그런 사람들에게 다음과 같은 말을 남겼다.

"제가 실행한 개혁은 옳은 일이었다고 확신합니다. 하지만 언젠가 더 좋은 방법이 발견될지도 모르죠. 제가 실행한 개혁을 비판하는 서구의 환경 로비스트 중에는 귀 기울일 만한 의견을 내는 검소한 노력가도 있습니다. 그러나 대부분은 배고픔의 고통을 겪어본 적이 없는 엘리트인데다가, 대도시에 있는 아늑한 사무실에서 로비 활동을 합니다. 만약 단 한 달만이라도 개발도상국의 비참한 현실 속에서 살아본다면 그들도 분명 트랙터, 비료, 관개 수로가 필요하다고 호소할 것이고, 고국의 상류 사회 엘리트들이 이를 반대하는 데 몹시 분노할 것입니다."

제 6 장

채소와 과일의
특색은 무엇일까?

31

채소, 과일, 해조류의 종류는?

일단 분류부터 해보자!

슈퍼마켓 식품 매장 입구는 채소와 과일 코너인 경우가 많다. 색깔도 모양도 가지각색인 채소와 과일이 빼곡하게 진열되어 있다. 먼저 어떤 채소와 과일이 있는지부터 살펴보자.

일단 채소부터 시작해보자. 채소에는 잎이나 줄기를 먹는 잎채소, 꽃을 먹는 꽃채소, 열매를 먹는 열매채소, 씨앗을 먹는 씨채소, 뿌리를 먹는 뿌리채소 등이 있다. 버섯도 채소 코너에 진열되어 있다. 주요 채소는 다음과 같다.

· **잎채소** 양배추, 배추, 시금치, 소송채, 양상추, 경수채, 파드득나물,

파슬리, 물냉이, 치커리, 파, 숙주나물, 땅두릅, 그 밖에 고사리, 고비, 청나래고사리 등의 산나물이나 죽순 등이 있다. 양파, 마늘, 염교, 백합뿌리 등은 뿌리처럼 보이지만 사실 줄기 부분이다. 삶는 등 익혀 먹는 종류도 있고 생으로 먹거나 절여 먹는 종류도 있다.

- **꽃채소** 브로콜리, 콜리플라워, 유채꽃, 식용 국화 등이 있다. 데치거나 생으로 먹는다.

- **열매채소** 토마토, 피망, 파프리카, 고추, 오이, 가지, 여주, 월과, 참외, 올리브, 동과, 호박 등이 있다. 생으로 먹기도 하지만 삶거나 굽거나 데치거나 볶거나 절이는 등 다채롭게 요리할 수 있다.

- **씨채소** 콩, 팥, 잠두, 강낭콩, 땅콩, 그린피스, 렌즈콩, 옥수수, 은행 등 여러 종류가 있다. 어린 것은 생으로 먹지만 완전히 여문 것은 익혀 먹는다.

- **뿌리채소** 무, 당근, 우엉, 연근, 생강, 고추냉이, 덩이줄기채소로는 감자, 고구마, 토란, 마, 새우토란, 돼지감자 등이 있다. 생으로 먹기도 하고 삶거나 굽거나 절여 먹기도 한다.

- **균류** 인공 재배되는 종류로는 표고버섯, 잎새버섯, 만가닥버섯, 팽이버섯, 새송이버섯, 맛버섯, 목이버섯 등이 있으며 신품종이 잇달아 개발되고 있다. 자연산으로는 송이버섯, 개암버섯 등이 있다. 맛버섯 외에는 삶거나 굽거나 볶는 등 익혀 먹는 경우가 많다. 자연산은 오래 보존하기 위해 절임 음식으로 만들기도 한다.

- **허브류** 향을 음미하는 용도로 쓰인다. 잎, 꽃, 뿌리 등 여러 부분을 사용한다. 사용하는 부분에 따라 다음과 같은 종류가 있다.

  _ 잎을 사용하는 종류: 민트, 산초 잎, 차조기, 바질, 타임

  _ 꽃을 사용하는 종류: 라벤더, 재스민, 산초 꽃, 클로브

  _ 열매를 사용하는 종류: 팔각, 고추

  _ 씨앗을 사용하는 종류: 후추, 바닐라, 머스터드

  _ 뿌리를 사용하는 종류: 생강, 고추냉이

이번에는 과일을 알아보자. 과일은 이름 그대로 식물의 먹을 수 있는 열매인데, 딸기처럼 풀에 열리는 종류와 사과처럼 나무에 열리는 종류가 있다.

- **풀에 열리는 과일** 딸기, 멜론, 수박, 참외, 바나나, 파인애플 등이 있다. 잼으로 만들 때를 제외하고는 모두 생으로 먹는다.
- **나무에 열리는 과일** 사과류, 귤류, 배류, 포도류, 복숭아, 감, 살구, 체리, 키위, 레몬, 산딸기, 블루베리, 라즈베리, 무화과 등 다양하다. 잼, 파이, 통조림 등 익혀서 먹기도 하지만 대부분 생으로 먹는다. 예외적으로 매실은 설탕이나 소금 등에 절여 숙성시켜 먹는다.

채소와 과일 외에는 **해조류**가 있다. 옛날부터 해조류를 즐겨 먹은 나

라는 동아시아의 한국, 일본, 중국 정도에 불과하지만 해조류는 훌륭한 식물성 식품이다.

- **다시마** 가다랑어포와 함께 국물의 감칠맛을 내는 데 빠지지 않는 재료다. 글루탐산나트륨이 함유되어 있다.
- **미역** 된장국과 초무침의 재료로 빠지지 않는다.
- **김** 뜨끈뜨끈한 밥 위에 올려 싸 먹는다.
- **톳** 조림으로 많이 한다.
- **큰실말** 일본에서는 초무침으로 많이 먹는다.
- **우뭇가사리** 우뭇가사리를 물에 넣고 끓인 후 굳혀서 만드는 한천은 서양의 젤리에 해당하는 식재료다.
- **청각채** 한국에서는 김치에 넣거나 무쳐 먹는다.

32

채소·과일의 성분과 과학

사과 속 꿀은 왜 달지 않을까?

곡류, 채소, 과일, 셋 다 주성분은 탄수화물이지만 당류의 종류에는 차이가 있다. 곡류에는 다당류인 녹말이 많고, 채소에는 셀룰로스가 많으며, 과일에는 단당류와 이당류가 많다.

채소에 들어 있는 탄수화물은 주로 녹말과 셀룰로스다. 특히 잎채소에 많이 들어 있는 식이섬유는 식물섬유라고도 불리는 셀룰로스다. 인간은 셀룰로스를 분해해서 포도당으로 만들 수 없다. 따라서 섬유질은 영양 측면에서 가치가 없지만 장을 깨끗하게 하는 정장 작용을 한다. 반면 콩류나 옥수수 등의 씨채소, 호박 등의 열매채소, 덩이줄기채소 등의 뿌리채소에 함유된 당질은 주로 녹말이다.

과일의 특징은 단맛과 향이다. 단맛은 단당류와 이당류에서 나온다. 단당류인 **포도당**과 **과당**, 그리고 이당류인 **자당**(설탕)은 과일의 단맛을 내는 3대 요인이다. 과일에도 녹말이 들어 있지만 대부분의 과일은 녹말의 최종 저장고 역할을 하지 않는다. 녹말은 과일이 익는 과정에서 분해되어 포도당이나 과당으로 변한다. 익은 과일이 달콤한 이유는 이런 화학 변화 때문이다.

잘 익은 사과에는 꿀이 들어가 있는데, 꿀 부분을 먹어도 그리 달지 않다. 그 이유는 무엇일까? 사과 속에 든 꿀은 **소르비톨**($C_6H_{14}O_6$)이라는 당알코올의 일종인데, 소르비톨의 단맛은 과당이나 자당의 절반밖에 되지 않아서 달게 느껴지지 않는 것이다.

소르비톨은 잎이 광합성을 해서 만들어지는 물질로, 사과가 성장함에 따라 잎에서 줄기를 지나 열매 안으로 들어가 달콤한 포도당이나 자당으로 변환된다. 하지만 사과가 다 익으면 소르비톨은 변환을 멈추고 그

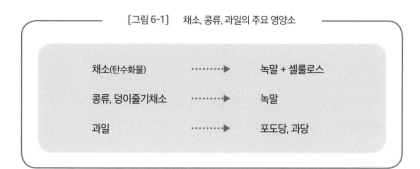

[그림 6-1]   채소, 콩류, 과일의 주요 영양소

채소(탄수화물)	‥‥‥‥▶	녹말 + 셀룰로스
콩류, 덩이줄기채소	‥‥‥‥▶	녹말
과일	‥‥‥‥▶	포도당, 과당

상태 그대로 물을 흡수한다. 이것이 꿀의 정체다. **꿀이 든 사과는 잘 익었다**
는 증거이지만 단맛을 보증하지는 않는다.

과일에는 단맛 이외에도 기분 좋은 향이 있다. 과일의 향은 사실 여러
종류의 '향 물질'이 뒤섞여서 만들어진다. 이것은 딸기의 향 분자, 이것
은 바닐라의 향 분자라고 특정 분자를 콕 집어 말할 수 있는 경우와 그
렇지 않은 경우가 있다. **식물의 향 분자는 화학적으로는 에스터라고 불리는 물**
질이 중심이다. 에스터란 알코올과 카복실산이 탈수 축합한 화합물('21.
지방을 과학의 눈으로 보면' 참조)을 말한다. 잘 알려진 예를 몇 가지 들면
다음과 같다.

- 아세트산 에틸(과일의 전반적인 향)
- 뷰티르산 에틸(과일의 전반적인 향)
- 아이소뷰틸 폼산(과일의 전반적인 향)
- 아세트산 헥실(사과 향, 꽃 향)
- 아세트산 아이소아밀(바나나 향)
- 뷰티르산 메틸(사과 향, 과일의 전반적인 향)
- 뷰티르산 아밀(배 향, 살구 향)
- 펜틸 발레레이트(사과 향, 파인애플 향)
- 메틸페닐글리시드산에틸(딸기 향)

제 6 장 채소와 과일의 특색은 무엇일까?

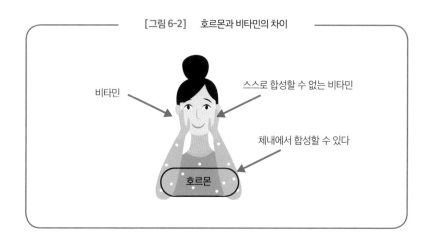

[그림 6-2]　호르몬과 비타민의 차이

비타민

스스로 합성할 수 없는 비타민

체내에서 합성할 수 있다

호르몬

　채소나 과일을 먹는 사람이 기대하는 영양분으로는 **비타민**이 있다. 비타민은 호르몬과 비슷한 물질이며, 둘 다 소량으로 생체 기능을 조절하는 역할을 한다. 그중에서 **인간이 스스로 합성할 수 있는 물질을 호르몬, 합성할 수 없는 물질을 비타민이라고 부른다.**

　즉 비타민은 식물에서 유래하고 호르몬은 동물에서 유래하는 것이 아니다. 어류에서도 비타민을 얻을 수 있다. 대항해 시대 선원들은 항구에 들를 때마다 신선한 채소 및 과일과 함께 신선한 생선을 배에 실었다. 아직 비타민이라는 개념이 없던 시대지만 생선에 괴혈병을 예방하는 비타민 C 등의 비타민류가 들어 있음을 경험적으로 알고 있었던 것이다.

　비타민에는 물에 녹는 **수용성 비타민**과 기름에 녹는 **지용성 비타민**이 있다. 비타민이 부족하면 비타민마다 고유의 결핍증이 나타난다. 하지만

[그림 6-3]　수용성·지용성 비타민 결핍증

주요 수용성 비타민 결핍증		주요 지용성 비타민 결핍증	
비타민 B1	각기병	비타민 A	야맹증, 피부 건조증
비타민 B2	성장 장애, 점막·피부의 염증	비타민 D	구루병, 골연화증
비타민 B6	성징 정지, 체중 감소, 간질, 경련, 피부염	비타민 E	신경 질환
비타민 B12	거대 적혈모구 빈혈	비타민 K	출혈 경향, 혈액 응고 지연
비타민 C	괴혈병		

지나치게 많이 섭취하면 과잉증이 나타난다. 수용성 비타민은 과잉 섭취해도 물에 녹아 소변으로 배출되지만 지용성 비타민은 그렇지 않으므로 주의해야 한다.

비타민별 결핍증을 〈그림 6-3〉에 정리했다. 비타민 A가 부족하면 야맹증에 걸린다. 비타민 A가 산화하면 레티날이라는 시각 물질이 되는데, 레티날은 시각 세포 안에서 시각을 관장하는 중요한 분자이기 때문이다. 레티날에 빛이 닿으면 이중 결합 형태가 시스형에서 트랜스형으로 변화한다. 이러한 형태 변화를 시각 신경이 감지해서 뇌로 '빛이 왔다'고 정보를 보내는 것이다.

채소와 과일의 영양가는?

채소는 저칼로리, 버섯은 저칼로리·고식이섬유

채소와 과일의 영양가를 〈그림 6-4〉로 정리했다. 표를 보면 알 수 있듯 **채소는 뿌리채소류를 제외하면 칼로리가 매우 낮다.** 대부분의 채소는 식이섬유를 함유한 탄수화물이다. 브로콜리는 칼로리가 높고 단백질과 식이섬유가 많다. 단백질은 오이도 많은 편이다.

뿌리채소류 중에는 고구마의 칼로리가 눈에 띄게 높은데, 감자의 2배나 된다. 탄수화물도 감자보다 2배 가까이 많다. 단맛이 있는 당근이 칼로리와 탄수화물 양이 낮은 것은 의외다. 뿌리채소 중에서는 무가 식이섬유량이 많다.

버섯은 저칼로리에 고식이섬유라는 점이 특징이다.

[그림 6-4] 채소와 과일의 영양가

100g당

		칼로리 kcal	수분 g	단백질 g	총지방 g	포화지방산 g	콜레스테롤 mg	탄수화물 g	식이섬유 g	식염상당량 g
잎채소	양배추	23	92.7	1.3	0.2	0.02	(0)	5.2	1.8	0
	배추	14	95.2	0.8	0.1	0.01	(0)	3.2	1.3	0
꽃채소	브로콜리	27	91.3	3.5	0.4	(0.05)	(0)	4.3	3.7	0
	국화	27	91.5	1.4	0	–	(0)	6.5	3.4	0
열매채소	오이	14	95.4	1.0	0.1	0.01	0	3.0	1.1	0
	토마토	19	94.0	0.7	0.1	0.02	0	4.7	1.0	0
뿌리채소	무(뿌리)	18	94.6	0.5	0.1	0.01	0	4.1	1.4	0.1
	당근	39	89.1	0.7	0.2	0.02	(0)	9.3	2.8	0.1
	고구마	134	65.6	1.2	0.2	0.03	(0)	31.9	2.2	0
	감자	76	79.8	1.8	0.1	0.02	(0)	17.3	1.0	0
버섯	표고버섯(생것)	19	90.3	3.0	0.3	0.04	(0)	5.7	4.2	0
	양송이버섯	11	93.9	2.9	0.3	0.03	0	2.1	2.0	0
	새송이버섯	19	90.2	2.8	0.4	(0.05)	(0)	6.5	4.8	0
과일	딸기	34	90.0	0.9	0.1	0.01	0	8.5	1.4	0
	귤(온주밀감)	46	86.9	0.7	0.1	0.01	0	12.0	1.0	0
	사과(껍질 벗긴 것)	57	84.1	0.1	0.2	0.01	(0)	15.5	1.4	0
	바나나	86	75.4	1.1	0.2	(0.07)	0	22.5	1.1	0
해조류	다시마(말린 것)	138	10.4	11.0	1.0	0.18	Tr	55.7	24.9	6.1
	미역(생것)	16	89.0	1.9	0.2	(0.01)	0	5.6	3.6	1.5
	참김(구운 것)	188	2.3	41.4	3.7	0.55	22	44.3	36.0	1.3

Tr: 극소량, (수치): 추산치, (0): 문헌 등을 바탕으로 함유되어 있지 않다고 추정
일본 식품표준성분표(제7개정판)에서

과일의 칼로리가 뿌리채소 다음으로 높은 이유는 탄수화물 양이 많기 때문이다. 그중에서도 바나나는 칼로리와 탄수화물 양이 모두 높다. 과일은 식이섬유가 적어 보이지만 감귤류의 경우에는 과육을 한 알씩 감싼 속껍질을 먹는지 안 먹는지에 따라 수치가 달라진다. 표에 적힌 수치는 속껍질을 제외한 것이다.

　해조류의 수치는 다시마와 김은 말린 것, 미역은 생것이다. 다시마와 김을 비교하면 단백질은 김에 더 많이 들어 있다. 말린 미역의 추산치(14g)와 비교해도 김이 더 많다.

34

우리 주위에 있는
채소 및 버섯의 독

대처법을 확실히 알아두자!

초봄이면 산나물이나 독초를 잘못 먹는 식중독이 발생하고, 가을이면 독버섯을 잘못 먹는 식중독이 발생하여 매년 몇 명 정도는 목숨을 잃기도 한다.

많은 식물이 유독 성분을 갖고 있다. 해충의 접근을 막기 위한 대비책이라는 이야기도 있지만 사실은 잘 모른다. 생각지도 못한 식물이 독을 갖고 있거나 아름다운 원예 식물이 강한 독을 갖고 있기도 하다. 따라서 식용으로 판매되는 식물 이외에는 입에 대지 않는 편이 안전하다. 이번 장에서는 독이 있는 식물 중 식중독의 원인으로 유명한 종류를 소개하겠다.

제 6 장 채소와 과일의 특색은 무엇일까?

• **고사리**   떫은맛 제거를 잊지 말자!

설마 싶겠지만 봄나물을 대표하는 나물로 꼽히는 고사리에도 프타퀼로사이드라는 독성 물질이 들어 있다. 방목한 소가 고사리를 먹으면 혈뇨를 보고 쓰러진다고 한다. 그뿐 아니라 프타퀼로사이드는 강력한 발암 물질이다.

하지만 우리는 고사리를 맛있게 먹고도 아무런 문제가 없다. 그 이유는 떫은맛을 제거하기 때문이다. 떫은맛을 제거하려면 식품을 잿물에 몇 시간 동안 담가 두면 된다. 잿물은 염기성이다. 따라서 프타퀼로사이드가 염기성 가수분해되어 독이 없어진다.

• **투구꽃**   남방바람꽃과 구별하려면 꽃을 보자!

투구꽃은 아코니틴이라는 맹독을 가진 유명한 독초지만 가을에는 보

[그림 6-5]   고사리의 독은 떫은 맛 제거가 핵심

라색 꽃이 아름답게 피어서 원예 작물로도 쓰인다. 물론 맹독을 가진 상태 그대로다. 투구꽃의 독은 잎, 꽃, 줄기, 뿌리 등 식물 전체에 들어 있다. 그중에서도 뿌리 부분에 가장 많다. 투구꽃의 독은 먹었을 때뿐만 아니라 상처 등을 통해서도 체내에 들어가므로 특히 주의해야 한다.

투구꽃의 잎은 식용 산나물인 남방바람꽃의 잎과 매우 비슷하게 생겼다. 그래서 잘못 먹는 사람이 끊이지 않는다. 하지만 남방바람꽃은 잎자루 부분에 흰 꽃이 2개씩 핀다. 투구꽃과 구별하려면 반드시 꽃을 확인해야 한다.

• **수선화**　부추와 구별하는 방법은 냄새!

부추로 착각해 수선화 잎을 먹고 식중독이 발생하는 경우가 있다. 텃밭에 부추를 심고 그 근처에 수선화를 심었다가 잎 모양이 비슷해서 데쳐 먹었기 때문인 듯하다. '수선화에서는 부추 냄새가 나지 않으니 못 알아챌 리가 없을 텐데'는 나중에야 하는 이야기다. 부추로 잘못 알고 대량으로 먹는 탓인지 수선화 중독으로 사망하는 사례가 꽤 많다. 수선화에는 리코린이라는 독성 물질이 들어 있는데, 석산에 함유된 독성분과 같은 물질이다.

• **컴프리**　정원에서 발견했다면 뽑아내자!

1965년 무렵 일본에서 건강 채소로 평판이 자자했던 식물이다. 정원에 심은 사람도 많았다. 컴프리에는 피롤리딘 알칼로이드라는 독소가 들어있는데, 오랜 기간 과다 섭취하면 간 손상 등을 일으킨다고 밝혀져 지금은 섭취가 금지되어 있다.

- **감자**　텃밭에서는 조심하자!

감자의 싹에는 솔라닌이라는 독소가 들어 있다. 시판되는 감자 중에는 코발트 60(정확하게는 니켈 60)을 이용한 방사선 처리를 해서 싹이 나지 않는 종류도 있지만, 솔라닌은 덜 익은 어린 감자나 빛이 닿아 껍질이 녹색으로 변한 감자에도 들어 있다. 집이나 학교의 텃밭에서 사고가 일어나기 쉽다. 작고 귀여운 감자를 삶아 먹은 어린아이가 식중독을 일으키는 일이 때때로 발생한다.

- **은방울꽃**　심장 질환이 있는 사람은 각별히 주의하자!

채소는 아니지만 정원에 심거나 꽃병에 꽂아두는 경우가 많은 꽃이다. 사랑스러운 꽃으로 손꼽히지만 사실 맹독을 갖고 있다. 특히 심장에 해로운 독이므로 심장 질환이 있는 사람은 향기를 맡지 않는 편이 좋다. 은방울꽃을 꽂아 놓은 꽃병의 물을 마신 아이가 목숨을 잃은 사고도 있었다.

- **구황 작물**　석산의 뿌리에 주의하자!

옛날에는 기근이 있었다. 평소에는 먹지 않고 기근을 대비해 심어 두는 작물을 구황 작물이라고 한다. 석산은 그런 작물이다. **석산의 뿌리에는 리코린**이 들어 있어서 먹을 수 없다. 하지만 리코린은 수용성이라서 물에 충분히 담갔다가 꼼꼼히 씻으면 먹을 수 있다. 그런데 맛있지는 않다. 석산은 씨앗이 퍼지지 않으므로 사람이 구근을 심어야만 자란다. 석산이

논두렁에 많은 이유는 두더지를 막기 위해서다. 소철의 열매와 상수리나무의 열매도 구황 작물의 일종이다.

일본에 자생하는 버섯의 종류는 4,000종인데 그중 이름이 붙은 버섯이 1/3, 독버섯이 1/3이라고 한다. **야생 버섯을 보면 독버섯이라고 생각하는 편이 안전**하다.

• **넓은옆버섯**　신장 질환이 있는 사람에게는 위험하다!

예전에는 식용으로 알려졌던 버섯이다. 하지만 신장 질환이 있는 사람이 먹고 급성 뇌병증을 앓는 사례가 2004년 일본에서 자주 나타났다. 그 해에만 59명이 발병해 17명이 사망했다. 그중에는 신장 기능에 문제가 없는 사람도 있었다. 왜 유독 그해에만 문제가 집중되었는지 원인은 밝혀지지 않았지만 그 후로 먹지 말아야 할 독버섯으로 지정되었다.

• **노란개암버섯**　익혀도 독성은 사라지지 않는다!

사시사철 자라는 버섯이다. 식용 개암버섯과 비슷하게 생겼지만 먹으면 쓴맛이 난다. 그런데 익히면 쓴맛이 사라져서 잘못 먹는 사람이 많다고 한다. 독소의 구조는 알려지지 않았지만 단백질 독소는 아니어서 익혀도 독성이 사라지지 않는다. 독성이 강해서 사망하는 사례도 많다. 일본에서는 가끔 도로 휴게소 등에서 잘못 알고 판매해서 문제가 되는 일도 있다. 독을 제거해서 먹는 지역도 있는데 절대로 따라 하지 말자.

• **두엄먹물버섯** 술과 함께 먹으면 큰코다친다!

완전히 익으면 자기 분해 효소가 활성화하여 하룻밤 만에 검은 액체로 녹아내린다고 해서 붙여진 이름이다. 두엄먹물버섯은 술과 함께 먹으면 봉변을 당한다.

숙취는 에탄올이 체내의 산화 효소에 의해 아세트알데하이드라는 독성 물질로 바뀌면서 일어나는 현상이다. 보통 아세트알데하이드는 산화 효소에 의해 머지않아 아세트산으로 바뀌면서 숙취도 해소되지만, **두엄먹물버섯에 들어 있는 독소인 코프린은 아세트알데하이드의 산화를 방해**한다. 그래서 심한 숙취가 몇 시간 동안 지속된다.

증상이 가라앉았다고 해도 방심은 금물이다. 이 증상은 1주일 정도 지속된다고 한다. 즉 다음날 술을 마시면 또 숙취가 나타난다.

• **붉은사슴뿔버섯** 주택가 부근에서도 발견!

예전에는 주택가 근처에서 볼 수 없었던 버섯인데 요즘은 주택가 인근에서 발견되어 신문 기삿거리가 되기도 한다. 그 정도로 특이한 버섯이다. 이름 그대로 붉은빛을 띤 주황색에 사슴뿔 모양, 혹은 손을 오므린 모양이다. 만일 먹으면 생명을 잃을 수도 있고, 다행히 목숨을 건진다고 해도 소뇌 위축증이 발생한다고 한다. 먹지 않고 그냥 만지기만 해도 염증이 생긴다고 하니 괜히 건드렸다가 긁어 부스럼을 만들 필요는 없다.

장마철은 곰팡이의 계절이다. 주방 싱크대나 욕실뿐 아니라 식품에도 곰팡이가 핀다. 곰팡이 중에는 치즈 등에 피는 곰팡이처럼 유익한 종류도 있지만 맹독을 가진 곰팡이도 있으므로 주의해야 한다.

• **아플라톡신** 땅콩버터를 주의하자!

땅콩버터에 생긴다고 알려진 노란색 곰팡이인데 쌀 같은 다른 식물에도 발생한다. 증상이 나타났다가 가라앉는 독성도 문제지만 식물 중에서 발암성이 가장 강하다.

• **맥각 알칼로이드** 심한 통증에 더해 환각과 환청까지!

주로 호밀에 생기는 맥각균이라는 곰팡이가 있다. 이 곰팡이에 닿으면 피부에 부스럼이 생기고 달궈진 쇠젓가락이 닿은 듯한 심한 통증이 나타난다. 그뿐 아니라 환각이나 환청도 나타나는 무서운 증상이다. 중세 유럽을 휩쓸었던 마녀재판 희생자는 이 식중독에 걸린 환자였을 것으로 추정하는 연구자도 있다. 독소는 리세르그산이다. 그리고 이 독소를 화학적으로 합성하려는 단계에서 우연히 만들어진 것이 환각제로 유명한 LSD다.

잔류 농약을 주의하자!

독성을 줄인 농약과 포스트 하비스트

현대 농업은 모두 능률화, 기계화, 화학화했다. 언뜻 한가로운 전원 풍경처럼 보여도 실제로는 공업 혹은 화학 공업과 같은 분위기가 있다. 비료는 화학 비료이고, 질병 대책으로 살균제, 해충 대책으로 살충제, 나아가 제초제 등의 농약이 듬뿍 뿌려진다. 비료야 그렇다 치더라도 살균제와 살충제가 식물에 묻은 채, 또는 식물 내부에 스며든 채 소비자의 입으로 들어가는 일은 없을까?

공식적인 답변은 "그런 일은 없다"이다. 현재 사용되는 농약은 씻으면 완전히 제거되고, 식물 체내에 들어가도 일정 기간이 지나면 분해되어 해롭지 않다. 그래서 수확하기 전 일정 기간은 사용하지 않는다.

게다가 효과가 강한 살충제는 인간에게도 위험하므로, 그런 살충제는 별도로 분자 구조를 변화시켜서 효과를 약하게 만든다. "따라서 문제는 없다"고 하지만 걱정은 여전히 남는다. 가격이 비싼데도 무농약 채소가 인기 있는 이유는 그래서일 것이다.

옛날에는 논에 메뚜기와 풀무치가 북적북적했다. 논에 다가가 벼를 툭 치면 메뚜기 떼가 일제히 푸드덕 뛰어올랐다. 요즘 논은 쥐 죽은 듯이 고요하다. 살충제 덕분이다. 하지만 그 탓에 미꾸라지와 개구리가 사라지면서 이들을 먹이로 삼았던 따오기와 황새는 멸종 위기에 처했다.

앞에서도 말했듯 20세기 중반에 발견된 유기 염소 화합물 DDT의 살충 효과로 인해 BHC 같은 새로운 유기 염소 화합물이 합성되었다('27. 세계를 기아로부터 구해낸 식량증산' 참조). 하지만 유기 염소 화합물은 인간에게도 해로운 데다가 아무리 시간이 지나도 환경 속에 남아 생물 농축 (생물체 안에 축적된 유기 화합물이나 중금속 원소의 농도가 먹이 사슬을 거치면서 증가하는 현상-옮긴이)된다는 사실이 알려졌다.

〈그림 6-6〉은 PCB와 DDT의 농도가 해양의 표층수와 수생 생물 체내에서 어떻게 변화하는지를 조사한 데이터다. 표층수와 최종 농축체인 줄무늬돌고래를 비교하면 PCB는 1,300만 배, DDT는 3,700만 배라는 엄청난 숫자로 농축되어 있음을 알 수 있다. 이런 이유로 이제 유기 염소 계열 살충제는 종적을 감추었다.

그 대신 등장한 것이 유기인 계열 살충제다. **이 살충제는 곤충의 신경 전달**

[그림 6-6] 해양 표층수와 수생 생물 체내의 PCB·DDT 농도

	농도(ppb)	
	PCB	DDT
표층수	0.00028	0.00014
동물 플랑크톤	1.8	1.7
농축률(배)	6,400	12,000
샛비늘치	48	43
농축률(배)	170,000	310,000
살오징어	68	22
농축률(배)	240,000	160,000
줄무늬돌고래	3,700	5,200
농축률(배)	13,000,000	37,000,000

다쓰카와 료, 수질 오염 연구, 11, 12(1988)

을 저해한다. 처음 개발된 종류가 일본에 수입된 중국산 만두에 혼입되어 한동안 큰 논란을 일으켰던 메타아미도포스와 디클로르보스다.

하지만 이들 살충제는 살충 효과(독성)가 너무 강했으므로 독성을 줄여 개량한 농약이 현재 사용되는 파라티온, 수미티온, 말라티온 등이다. 화학 무기인 사린이나 소만은 이들 화합물의 독성을 한층 더 높인 광기 어린 화학 물질이라고 할 수 있다.

요즘 사용하는 살충제는 네오니코티노이드 계열이라고 불리는 종류다. 분자 구조가 담배 성분인 니코틴과 비슷하다고 해서 붙여진 이름이

며 이미다클로프리드, 아세타미프리드, 디노테퓨란 등의 상품명으로 판매되고 있다. 이 살충제도 신경독이지만 곤충에게 중점적으로 작용하여 사람에게는 영향을 미치지 않는다고 알려져 있다.

최근 들어 세계적으로 꿀벌이 감소하는 현상이 문제되고 있다. 그런데 네오니코티노이드 계열 살충제로 인해 꿀벌의 귀소 본능에 이상이 생겼을 가능성이 제기됐다. 꿀벌이 감소한 것은 사실이지만 원인은 아직 명확하지 않다. 정확한 원인이 밝혀지기를 기대한다.

농업에 사용되는 살균제는 여러 종류가 있는데, 토양 살균제인 클로로피크린이 독성이 강하다고 알려져 있다. 클로로피크린은 제2차 세계대전에서 포스젠과 함께 독가스로 사용됐을 만큼 독성이 강해서 사고나 자살로 인한 사망자가 많다고 한다.

역사적으로 유명한 제초제는 2,4-D다. 베트남 전쟁 때 미군이 베트콩의 은거지인 베트남 밀림을 없애버릴 목적으로 실시한 '고엽 작전'에서 대량으로 살포한 제초제다. 이 때문에 현지에서는 장애아가 많이 태어났는데 2,4-D에 불순물로 함유된 다이옥신이 원인이라고 밝혀졌다. 이 일을 계기로 다이옥신의 독성에 이목이 쏠렸다.

일본에서는 독성이 강한 제초제로 패러쾃이 유명하다. 1985년 한 해 동안 패러쾃으로 인한 사망자가 1,021명이었다는 기록이 있다. 대부분 실수로 먹었거나 자살이었는데, 같은 해 자동판매기에 패러쾃이 든 주스를 놓아두는 패러쾃 연쇄 살인 사건이 12건 일어나 12명이 사망했다.

범인은 아직도 밝혀지지 않았다.

식품
디테일
사전

'포스트 하비스트 농약'이라고 말하지 않을 뿐

농약 중에 포스트 하비스트 농약(수확 후 농약)이라고 불리는 종류가 있다. 수확한 후 창고로 옮겨 보관하는 단계에서 살포되며 곰팡이 방지제, 살균제 등이 있다.

외국에서는 이 농약의 사용이 허가된 상태이므로 수입 곡물과 농작물에는 묻어 있을 가능성이 있다. 독성 검사와 분해 검사 결과에서 문제가 발견되지는 않았지만 수확 후에 뿌리므로 섭취하는 시기와 가까워서 우려하는 목소리도 있다.

일본에서는 포스트 하비스트 농약의 사용이 금지되어 있지만 눈속임이 숨어 있다. 일본의 제도에서 농약이란 살아 있는 작물에 가하는 화학 약품을 가리키는 말로, 수확 이후의 작물에 가하는 화학 약품은 농약으로 분류하지 않는다. 이런 화학 약품은 식품 첨가물로 분류된다. 따라서 수확 후 작물에 가하는 곰팡이 방지제와 살균제는 '식품 첨가물로 인정'받고 있는 것이다.

요컨대 **'포스트 하비스트 농약은 금지'가 아니라 '포스트 하비스트 농약이라고 말하지 않을 뿐'**인 것이다(한국은 국내 농산물의 포스트 하비스트 처리가 금지되어 있으나 외국산 농산물은 허용한다-옮긴이).

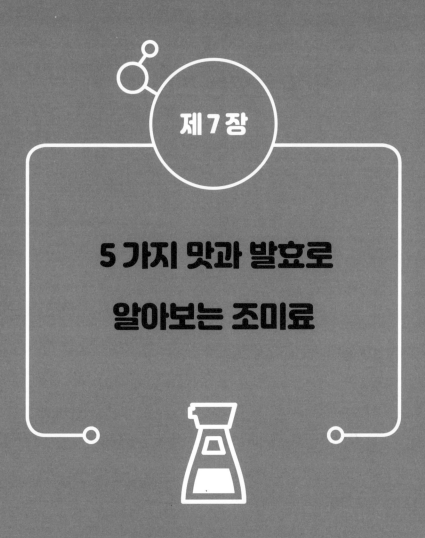

제 7 장

5 가지 맛과 발효로

알아보는 조미료

맛을 돋우는 조미료

일본, 아시아, 유럽의 조미료를 알아보자

조미료를 사용하지 않는 요리는 '요리'라고 할 수 없을지도 모른다. 작게 토막 낸 신선한 생선도 사실은 간장이라는 조미료와 세트를 이루어야 비로소 '회'라는 요리가 된다. 칼로 자르거나 손으로 잘게 찢기만 한 채소도 드레싱이라는 조미료와 만나야 비로소 '샐러드'가 된다.

조미료의 기본은 짠맛, 단맛, 신맛, 매운맛, 감칠맛이다. 그 밖에 각종 허브의 '향'도 요리에 풍미를 더해준다. 또 기본적인 조미료 몇 가지를 섞어서 특유의 맛이나 향을 내는 조미료도 있다. 세계의 조미료를 알아보자.

일본에는 조미료가 많은데 **대부분 발효 식품이라는 특징**이 있다.

- **된장(미소)** 콩을 삶은 다음 누룩과 소금을 섞어서 발효한 식품이다. 누룩은 콩, 쌀, 보리 등으로 만들어지며 누룩의 종류에 따라 쌀된장(쌀누룩), 보리된장(보리누룩), 콩된장(콩누룩)으로 나뉜다. 또 발효 기간에 따라 백된장(단기 발효), 적된장(장기 발효) 등으로 나뉜다.
- **간장** 콩과 밀의 혼합물을 끓인 다음 보리누룩을 섞고 발효시켜 여과한 액체다.
- **어간장** 간장의 콩 대신 정어리나 도루묵 등의 작은 날생선을 사용해 만든다. 일본 북서부 아키타 지역의 숏쓰루, 일본 중북부 노토반도의 이시루 등이 유명하다.
- **식초** 곡물에 효모를 넣어 알코올 발효시킨 다음, 아세트산균이 에탄올을 아세트산으로 변화시키는 아세트산 발효가 일어난 후 여과

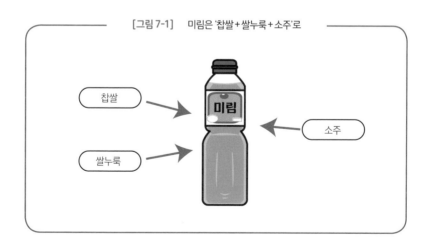

[그림 7-1]　미림은 '찹쌀＋쌀누룩＋소주'로

찹쌀

쌀누룩

미림

소주

한 액체다.

- **미림** 찐 찹쌀에 쌀누룩과 소주를 섞어 발효시킨 후 여과한 액체다. 찹쌀이 당화하여 포도당이 되지만, 소주의 알코올 성분으로 인해 알코올 발효가 일어나지 않으므로 포도당이 남아서 달콤해진다. 알코올양은 사케와 비슷하다. 에도 시대에는 미림을 음료로 여겼다고 한다.

아시아의 조미료도 일본 조미료와 마찬가지로 발효를 이용한 종류가 많다는 특징이 있다. 고추를 사용해서 매운 종류가 많다.

- **장** 일본의 된장에 해당한다. 콩으로 만드는 곡장과 고기로 만드는 육장이 있다. 중국의 두반장과 춘장, 한국의 고추장과 된장 등이 유명하다.
- **어간장** 일본의 어간장과 기본적으로는 같다. 중국의 위루, 한국의 액젓, 베트남의 느억맘, 태국의 남쁠라 등이 있다.
- **다시다** 소고기 육수를 농축해 가루로 만든 조미료로 일본의 화학 조미료인 아지노모토와 비슷한 용도로 쓰인다.
- **오향 가루(우샹펀)** 중국의 대표적인 혼합 향신료다. 시나몬, 클로브, 산초, 펜넬, 팔각 등의 가루를 섞어서 만든다.
- **가람 마살라** 인도의 향신료로 시나몬, 클로브, 육두구 등의 가루를

섞어서 만든다.

유럽은 버터나 크림으로 맛을 내는 경우가 많아서 조미료 종류가 적은 편이다. 아시아와 달리 발효한 종류는 많지 않다.

- **와인 비니거** 와인으로 만든 식초다.
- **발사믹 식초** 와인 비니거를 장기간 숙성시켜 만든 식초다.
- **우스터소스** 몰트 비니거(맥아 식초)에 담가 발효시킨 양파가 기본 재료이며 여기에 안초비(멸치류의 작은 물고기를 절여서 발효시킨 젓갈-옮긴이)와 각종 향신료를 넣어서 만든다.
- **토마토케첩** 완숙 토마토를 조린 토마토퓌레에 설탕, 소금, 식초와 각종 향신료를 넣어 만든다.
- **머스터드** 겨자씨 분말에 물, 식초, 당류, 밀가루 등을 넣고 반죽해 만든다.
- **마요네즈** 식용유, 달걀, 식초를 섞어서 만든 크림 형태의 조미료다. 스페인에서 유래했다고 알려져 있다.

버터와 치즈, 와인, 올리브유를 조미료에 포함해야 할지 말지는 애매한 구석이 있지만, 유럽 요리에 빼놓을 수 없는 식재료인 것만은 분명하며 요리의 맛에도 크게 영향을 끼친다.

그 밖에 세계에서 사용되는 조미료는 다음과 같다.

- **하리사**　빨간 고추에 마늘, 올리브유, 각종 향신료를 넣은 조미료다. 여러 아프리카 국가에서 사용된다.
- **타바스코**　으깬 고추에 암염과 곡물 식초를 섞은 다음 참나무통에 넣어 발효시킨다. 3년 정도 숙성시킨 후 식초를 추가해 완성한다. 미국에서 만들어진 조미료다.
- **타힌**　멕시코의 조미료로 고추 분말과 말린 라임, 짠맛이 나는 시즈닝을 섞어서 만든다.

식품 디테일 사전

폰즈는 일본어일까?

폰즈는 상품명으로도 잘 알려진 일본 조미료다. '폰(pon)＋즈(酢)'라는 외국어와 일본어가 합쳐진 독특한 이름은 네덜란드어 폰스(pons)에서 유래했다. 폰스는 증류주에 감귤류의 과즙과 설탕, 향신료를 섞어 만든 칵테일의 이름이었다. 그런데 에도 시대부터 등자나무 열매를 짜서 만든 과즙 자체를 '폰스'라고 부르게 되었고, 머지않아 거기에 간장을 추가한 것을 '폰즈 간장'이라고 부르다가, 이윽고 간장이라는 글자가 빠지고 '폰즈'라고 부르게 되었다.

37

조미료에도 영양가가 있다

된장, 간장, 식초 등의 칼로리 비교

조미료는 요리에 맛을 내는 용도로 소량만 쓰므로 많이 먹지는 않는다. 따라서 굳이 영양가를 따질 필요는 없지만 〈그림 7-2〉에 정리해보자.

간장과 비교하면 된장이 칼로리가 더 높고 탄수화물과 식이섬유가 더 많다. 된장에 콩 성분이 고스란히 남아 있기 때문이다. **된장에는 콩에 들어 있던 셀룰로스와 세포막이 그대로 남아 있다.** 그에 반해 간장은 된장을 여과시킨 액체 부분이다.

식초의 칼로리는 의외로 낮다. 단백질도 탄수화물도 적어서 그야말로 신맛만 나는 조미료라고 할 수 있다.

마요네즈(706kcal)는 칼로리가 유달리 높다. 식용유와 달걀처럼 칼로

[그림 7-2] 조미료의 영양가

100g당

	칼로리 kcal	수분 g	단백질 g	총지방 g	포화 지방산 g	콜레 스테롤 mg	탄수 화물 g	식이 섬유 g	식염 상당량 g
간장 (진한 간장)	71	67.1	7.7	0	0	(0)	7.9	(Tr)	14.5
간장 (연한 간장)	60	69.7	5.7	0	–	(0)	5.8	(Tr)	16.0
된장 (싱겁게 간한 것)	217	42.6	9.7	3.0	0.49	(0)	37.9	5.6	6.1
쌀 식초	46	87.9	0.2	0	–	(0)	7.4	0.1	0
우스터소스	119	61.3	1.0	0.1	0.01	–	27.1	0.5	8.5
소금	0	0.1	0	0	–	(0)	0	(0)	99.5
토마토케첩	121	66.0	1.6	0.2	0.01	0	27.6	1.7	13.1
마요네즈	706	16.6	1.4	76.0	6.07	55	3.6	(0)	1.9
상백당(차당)	384	0.7	(0)	(0)	–	(0)	99.3	(0)	0

Tr: 극소량, (0): 문헌 등을 바탕으로 함유되어 있지 않다고 추정
일본 식품 표준 성분표(제7개정판)에서

리가 높은 식품으로 만드니 당연한 결과다. 지방과 콜레스테롤이 조미료 중 단연 으뜸인 것도 기름과 달걀 때문이다. 하지만 그런 것치고는 단백질까지 적다. 일본에서는 연예인들이 초창기 무명 시절 밥에 마요네즈만 뿌려서 먹었다는 이야기를 흔히 듣는데, 영양적으로는 그리 나쁘지 않다. 여기에 낫토(삶은 콩을 발효시켜 만든 일본 전통 음식-옮긴이)를 얹으면 더할 나위 없다.

소금과 설탕은 식품치고는 이례적으로 한 가지 물질로만 이루어진 순물질이다. 식품 중에서 다른 순물질은 물과 조미료인 아지노모토 정도다. 따라서 소금에는 소금만 들어 있고 설탕에는 탄수화물만 들어 있다. 소금은 무기물이어서 대사되지 않으므로 칼로리도 제로다. 반면 탄수화물인 상백당(일본식 백설탕)은 384kcal나 되는데, 탄수화물 1g이 대사되면서 생기는 에너지가 4kcal임을 충실히 반영한 결과일 뿐이다.

38

식탁의 소금은
NaCl이 아니다!

옛날과 지금의 소금 맛은 다를까?

소금(염화나트륨)은 기본 조미료일 뿐만 아니라 모든 생물에게 꼭 필요한 물질이다. 세포의 삼투압을 조절하고, 동물의 체내에서 신경 세포가 정보를 전달하게 하는 중요한 역할을 한다. 다만 지나치게 많이 섭취하면 혈관 내 삼투압이 높아져서 균형을 맞추기 위해 혈관 밖의 수분이 혈관 안으로 스며들어 간다. 그 결과 혈액량이 늘어나 혈관이 가득 차면서 혈압이 올라간다.

소금을 어떻게 구할지는 인류에게 큰 문제다. 암염을 캘 수 있는 나라라면 캐면 될 일이지만, 한국이나 일본은 그럴 수 없다. 그 대신 일본은 사방이 바다로 둘러싸여 있고 바닷물에는 소금이 3% 정도 함유되어 있다. '그럼 바닷물을 길어다가 증발시켜서 소금을 만들면 되겠군' 하고 간단하게 생각할 수도 있다. 원리는 분명 그렇지만 실제로는 여러 문제가 발생한다.

일본의 제염법은 채함과 전오로 나누어 이루어진다. 채함은 바닷물을 자연 건조해서 진한 소금물인 함수를 만드는 단계를 말하고, 전오란 함수를 가열 농축해서 소금을 만드는 단계를 말한다. 처음부터 바닷물을 끓여서 건조하는 게 더 빠르지만, 그렇게 하면 연료비가 만만치 않게 든다. 채함은 말하자면 연료를 절약하기 위해 태양열을 이용하는 방식으로, 현대에 태양 전지를 이용하는 것과 마찬가지다.

해조염을 굽는 작업이 제염이다. 즉 해조류에 바닷물을 끼얹으며 건조해서 소금 결정이 맺히게 한다. 그 후 해조류를 그릇에 담아 바닷물로 염분을 씻어내고(채함), 씻어낸 물을 불에 올려 농축하는 것이다(전오).

또는 모래사장에 바닷물을 뿌려 건조한다. 이 작업을 여러 번 반복하면 모래 표면에 염분이 농축되어 소금 결정이 형성된다. 이 모래를 모아 그릇에 담고 바닷물로 씻어서 염도가 높은 소금물을 만든 다음(채함) 그 소금물을 농축해서 소금 결정을 얻는다(전오). 대량 생산에는 이 방식이 더 적합하다.

그러나 바쁜 현대에 이런 느긋한 방식으로 소금을 만든다면 곤란하다. 그래서 1972년 들어 채함에 **이온 교환막**, 전오에 **진공 증발관**을 이용하는 이중으로 과학적인 방법이 등장했다. 이온 교환막이란 특정 이온만을

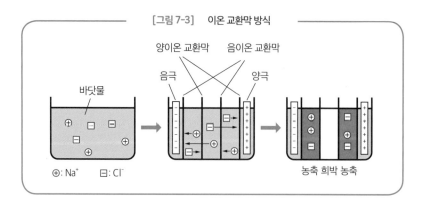

[그림 7-3] 이온 교환막 방식

통과시키는 고분자(플라스틱)막을 말한다. 〈그림 7-3〉과 같이 바닷물을 넣은 용기에 전극을 설치하고 양이온 교환막과 음이온 교환막을 하나씩 교대로 평행하게 여러 장 배치한다. 전극에 직류가 흐르게 하면 Na^+는 음극 쪽으로 Cl^-는 양극 쪽으로 이동한다.

그런데 Na^+는 양이온 교환막을 통과할 수 있지만 음이온 교환막은 통과할 수 없다. 반대로 Cl^-는 음이온 교환막을 통과할 수 있지만 양이온 교환막은 통과할 수 없다. 그 결과 이온 교환막 사이에 염분 농도가 높은 곳(20%)과 낮은 곳이 하나씩 번갈아 생기게 된다.

이렇게 얻은 염분 농도가 높은 함수를 이제 진공 증발관으로 보낸다. 이 장치에 함수를 넣고 가열 증발시켜 장치 내부를 수증기로 가득 채운다. 그 후 장치를 밀폐해서 수증기를 넣은 부분을 냉각한다. 그러면 수증기가 응결해서 부피가 감소하므로 장치 내부는 감압 상태(0.07기압)가 되어 증발 속도가 점점 더 빨라진다.

이 방식이 쓰이면서 제염량은 급격히 늘어났다. 그런데 문제는 소금의 맛이다. 소금은 단순히 '짜기만' 한 게 아니다. 염화나트륨(NaCl)이라는 순수한 화학 약품이 아니라 '식염'이라는 식품인 것이다. 다시 말해 '짠맛 이외의 맛'이 있다. 사람에 따라서는 현대의 소금은 맛이 없어졌다, 그 탓으로 절임 음식의 맛이 알싸해졌다, 된장도 간장도 맛이 단조로워졌다고 말한다.

그렇다면 이온 교환 방식으로 바뀐 후에 소금의 순도가 달라졌을까?

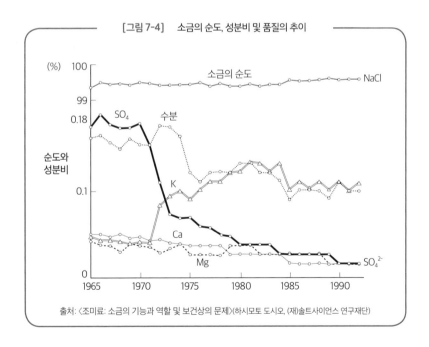

[그림 7-4] 소금의 순도, 성분비 및 품질의 추이

출처: 〈조미료: 소금의 기능과 역할 및 보건상의 문제〉(하시모토 도시오, (재)솔트사이언스 연구재단)

〈그림 7-4〉는 일본 소금사업센터에서 판매하는 소금의 NaCl과 불순물의 평균 농도 변화를 연도별로 나타낸 그래프다. 제염법이 바뀐 1972년 전후로 NaCl 농도에는 변화가 없다. 일본의 소금은 옛날부터 고농도·고품질 소금이었던 것이다. 그런데 크게 달라진 부분이 있다. **칼륨 이온(K^+)이 배로 증가하고 황산이온(SO_4^{2-})이 급격하게 감소했다**는 점이다. 맛이 달라진 이유는 이 부분 때문일지도 모른다.

여담이지만 소금사업센터에서 판매하는 소금의 순도는 정제 특급염(99.7% 이상), 특급염(99.5% 이상), 식염(99% 이상), 일반염(95% 이상) 순서로 높다.

건강과 짠맛

건강을 생각해 염분 섭취량에 신경 쓰는 사람이 많다. 어떤 식품에 소금이 어느 정도 들었는지, 짜다고 알려진 식품을 표로 다음과 같이 정리했다.

100g당 염분량

1	우메보시	22.1	9	오징어젓	6.9
2	새우젓	19.8	10	김 조림	5.8
3	간장(연한 간장)	16.0	11	돈가스소스	5.6
4	간장(진한 간장)	14.5	12	생햄	5.6
5	쌀된장(적된장)	13.0	13	양념 명란젓	5.6
6	쌀된장(백된장)	12.4	14	연어알젓	4.6
7	콩된장	10.9	15	백명란젓	4.6
8	보리된장	10.7			

g/100g

우메보시는 신맛뿐 아니라 짠맛으로도 단연 선두다. 연한 간장은 요리 색깔이 진해지지 않게 하는 용도로 쓰이므로 소량으로도 짠맛을 낼 수 있게 염분 농도를 높인 것이다. 쌀된장은 콩된장이나 보리된장보다 염분 농도가 높다.

오징어젓은 예상외로 염분 농도가 낮지만 새우젓은 예상대로 염분량이 높다. 생햄이 연어알젓이나 백명란젓보다 높은 것은 의외다. 어란 제품 중에는 양념 명란젓이 가장 염분 농도가 높다.

39

인공 감미료가 우연히 만들어졌다고?

천연 감미료와 인공 감미료

미각에는 단맛, 짠맛, 신맛, 쓴맛, 감칠맛의 5가지가 있다. 그중에서도 사람들이 가장 선호하는 맛은 '단맛'이지 않을까?

헤이안 시대 작가인 세이 쇼나곤의 수필 《마쿠라노소시》에는 '얼음에 아마즈라를 뿌린 것'이 맛있다는 내용이 나온다. 아마즈라란 담쟁이덩굴이라는 식물을 조려서 만든 달콤한 즙이다. 말하자면 현대의 빙수다.

아마즈라처럼 단맛이 나는 물질은 자연계에 많이 있지만 현대인에게 감미료의 대표는 설탕(자당, 수크로스)일 것이다. 그런데 〈그림 7-5〉의 분류를 보면 알 수 있듯 사실 설탕도 여러 종류가 있다. 설탕의 원료로는 사탕수수와 사탕무가 있는데 한국이나 일본에서는 몇몇을 제외하면 대부분 사탕수수다.

사탕수수의 즙을 농축하면 설탕의 결정과 결정을 이루지 않은 걸쭉한 당밀로 나뉜다. 이 혼합물을 원심 분리기로 분리해서 결정 부분만 추출한 것이 분밀당이다. 이것을 정제하면 소위 말하는 일반 설탕이 되는데, 순도에 따라 다시 싸라기설탕, 차당, 액당으로 나뉜다.

싸라기설탕을 곱게 정제한 것이 그래뉼러당이다. 일본 가정에서 일반적으로 사용되는 상백당은 입자가 고운 그래뉼러당에 전화당을 넣은 것이고, 삼온당은 설탕을 가열해서 태운 캐러멜을 넣은 것이다.

한편 당밀을 분리하지 않은 상태로 정제한 것이 함밀당이며, 과자인 가린토(맛동산과 맛도 생김새도 비슷한 일본 전통 과자-옮긴이)에 쓰이는 흑

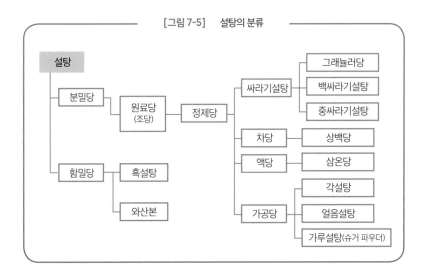

[그림 7-5] 설탕의 분류

설탕과 고급 화과자에 쓰이는 와산본(일본의 고급 전통 설탕-옮긴이)이 여기에 속한다.

그런데 자연계에 존재하는 단맛 성분은 설탕 말고도 많다. 앞에서 살펴본 포도당(글루코스), 과당(프럭토스), 사과의 꿀 부분인 소르비톨 등도 천연 감미료다. 대표적인 종류를 다음과 같이 정리했다. 괄호 안의 수치는 설탕 단맛을 1로 설정했을 때의 상대적 단맛을 나타낸다.

- **포도당**(설탕의 0.6~0.7배. 이하 동일)　설탕과 유당의 구성 성분이며 녹말과 셀룰로스의 단위 분자다.

- **과당**(1.2~1.5)　설탕의 구성 성분으로, 차가우면 단맛이 강하게 느껴진다. 과일을 차갑게 하면 달콤하게 느껴지는 이유는 이 때문이다.

- **트레할로스**(0.45)　예전에는 효모에서 얻었지만 현재는 녹말에서 추출해서 대량 합성이 가능해졌다. 수분 유지 능력이 뛰어나 화장품 등에도 사용된다.

- **자일리톨**(설탕과 같은 정도)　자작나무에서 얻을 수 있다. 칼로리가 설탕의 60% 정도밖에 안 되며 충치가 생기지 않는 당류로 알려져 있다.

- **소르비톨**(0.6)　앞장에서 살펴봤듯이 **사과 속 꿀의 성분**이다. 칼로리는 설탕의 75% 수준이며 수분을 흡수하는 성질이 있다. 물에 녹을 때 열을 빨아들이므로 시원한 느낌이 있다.

- **스테비오사이드**(300)　천연 감미료 중에서 가장 달다. 남미 지역의 다

년초인 스테비아에서 추출한다. 약용 효과가 있다고 해서 연구가 진행되고 있다.

　자동판매기에는 각종 음료가 진열되어 있다. 대부분의 음료에 단맛이 있지만 성분 표시에 '설탕'이라고 쓰여 있는 종류는 많지 않다. 이들 음료수의 단맛은 어디에서 온 걸까? 사실 대부분의 음료에는 **인공 감미료**가 들어 있다.

　인공 감미료는 천연 감미료와 아무 관계도 없는 물질이다. 인공 감미료의 분자 구조를 보면 과학자들조차 달콤한 이유가 떠오르지 않는다. 그런 만큼 새로운 인공 감미료를 개발하려고 해도 의도대로 만들 수 없다. '어쩌다 만들어진 화학 물질을 핥아 봤더니 마침 달콤하더라'일 뿐이다. 그렇다 보니 안정성에 문제가 있어 사용이 금지된 종류도 있다.

- **사카린**(350)　1878년 미국에서 합성된 세계 최초의 합성 감미료다. 제1차 세계 대전으로 단것이 부족했을 때 날개 돋친 듯 팔리면서 순식간에 유명해졌다. 그러나 발암 가능성이 제기되면서 1977년 사용이 금지되었다가 1991년 혐의가 풀리면서 다시 사용이 허가되었다. **설탕에 비해 칼로리가 무시해도 될 만큼 낮아서 당뇨병 환자 등에게 사용**된다.
- **둘신**(250)　1883년 발명되었지만 독성 때문에 사용이 금지되었다.

- **사이클라메이트**(30~50)　위험성이 제기되었으나 사용 금지 여부는 국가에 따라 다르다. 한국이나 일본에서는 사용이 금지되어 있지만 EU, 캐나다, 중미 국가에서는 사용이 가능하다. 수입 식품에 사용되기도 해서 문제가 된다.

- **아스파르템**(200)　현재 시판 중인 청량음료에 가장 많이 쓰이는 감미료다. 아스파르템은 **필수 아미노산인 아스파라긴산과 페닐알라닌을 결합한 물질인데, 쉽게 말하자면 단백질에 가깝다.** 이런 물질에서 단맛이 날 거라고는 아무도 예상하지 못했기에 놀라운 발견으로 여겨졌다. 페닐알라닌은 선천성 질환인 페닐케톤 요증 환자에게 독극물로 작용하므로 주의해야 한다.

- **아세설팜칼륨**(200)　아스파르템과 함께 쓰면 설탕과 비슷한 맛이 난다고 해서 세트로 사용되는 경우가 많다.

- **수크랄로스**(600)　설탕의 화학명인 수크로스(설탕)와 이름이 비슷한데, 이름뿐 아니라 분자 구조도 비슷하다. 즉 수크로스에 있는 하이드록실기(OH) 8개 중 3개가 염소 원자로 대체된 유기 염소 화합물이다. 유기 염소 화합물은 과거에 살충제인 DDT나 BHC에 사용되었고 지금은 PCB나 다이옥신에 사용되어 대표적인 공해 물질로 취급받는다. 그래서 안전성에 의문을 제기하는 목소리도 있다.

- **러그던에임**(30만)　현재까지 알려진 화학 물질 중 단맛이 가장 강하다. 아직 허가가 나지 않아 맛볼 수는 없다.

네로 황제와 베토벤은 납 중독?

'납설탕'이라는 말을 들어본 적이 있는가? 그리 알려진 용어는 아니지만 납설탕이란 아세트산납을 말한다. 아세트산은 식초의 구성 성분인데 납과 반응하면 달콤한 아세트산납이 된다.

로마 시대의 와인은 신맛이 매우 강했다고 한다. 신맛의 원인은 와인에 든 주석산이다. 이 와인을 납으로 만든 냄비에 가열하면 주석산이 납과 반응해서 달콤한 주석산 납이 된다. 네로 황제는 이 뜨거운 와인을 유달리 좋아했다고 알려져 있다. 그런데 납은 신경독성이 강하다. 네로가 납 중독 때문에 폭군이 됐다는 설도 있을 정도다.

근세 유럽에서는 와인에 하얀 탄산납 가루(옛날에 화장할 때 사용했던 분가루)를 넣고 흔들어 마시는 관습이 있었다. 주석산 납으로 만들어 달콤한 맛을 내기 위해서다. 베토벤은 이 와인을 좋아했다고 한다. 베토벤이 난청을 앓은 까닭은 납 중독 때문일지도 모른다.

'제6의 맛'을 발견했다!

단맛·짠맛·신맛·쓴맛·감칠맛의 정체?

미각 연구를 서구권이 주도하던 무렵에는 사람이 느끼는 맛이 '짠맛, 단맛, 신맛, 쓴맛'의 4가지라고 여겼다. 거기에 '감칠맛'이 추가되었다. 감칠맛의 근원으로 여겨지는 화학 물질은 몇 가지가 있는데, 다시마에서 발견되어 아지노모토라는 상품명으로 시판된 글루탐산나트륨이 가장 유명하다. 글루탐산은 단백질을 만드는 아미노산의 일종이다. 잘 익은 토마토도 글루탐산이 풍부하다고 알려져 있다.

표고버섯의 감칠맛을 내는 구아닐산과 가다랑어포의 감칠맛을 내는 이노신산은 둘 다 핵산의 성분이며 DNA 등이 분해되어 생긴다. 또 조개의 감칠맛을 내는 성분인 숙신산은 사케의 감칠맛을 내는 성분과 같은 물질이다. 단맛이 적고 드라이한 사케에는 숙신산이 많이 함유되어 있다고 알려져 있다.

염기에는 고유의 맛이 없지만 산에는 특유의 맛이 있다. 바로 신맛이다. 신맛은 수소 이온(H^+)의 맛이라고 볼 수 있다. 식품에서 나는 신맛 성분은 2종류가 있다. 식초의 신맛과 우메보시나 레몬 같은 과일의 신맛이다. 맛의 차이는 뚜렷하다. 식초의 신맛은 아세트산(CH_3COOH)에서 나온다. 그에 반해 과일의 신맛은 구연산에서 나온다.

아세트산에는 고유의 냄새가 있다. 식초 냄새는 아세트산에서 나는 냄새다. 반면 구연산에는 냄새가 없다. 레몬 등의 향은 구연산이 아닌 다른 성분에서 비롯된다. 아세트산과 구연산 모두 살균 및 항균 작용이 있다. 그런 의미에서도 요리에 사용하면 편리하다.

쓴맛은 본래 불쾌한 맛이다. 단맛이나 감칠맛과는 달리 **독이 있음을 알려주는 경계 신호로 여겨진다.** 쓴맛을 느끼게 하는 물질은 많이 있지만 커피, 맥주, 여주의 쓴맛이 각기 다르듯 식품에 공통으로 들어 있는 쓴맛 성분은 없는 듯하다.

미맹이라는 체질을 타고난 사람이 있다. 맛을 전혀 느끼지 못하는 것은 아니다. 페닐티오카바마이드(PTC, 미맹을 가려내는 물질-옮긴이)의 쓴맛을 느끼지 못하는 증상을 말한다. 미맹은 열성 유전된다고 알려져 있는데, 인종이나 지역에 따라 발생 비율에 차이가 있다. 백인이 25~30%로 많고 황인종이나 흑인은 적으며 일본인은 8~12%, 한국인은 15% 정도라고 한다.

매운 음식이 많이 있는데도 매운맛은 5가지 맛에 들어가지 않는다. **매운맛은 미각이 아니라 통각**, 즉 촉각의 일종으로 여겨지기 때문이다. 이런 생각이 옳은지 그른지야 어찌 됐든 매운맛의 정도는 수치로 나타낼 수 있다. 매운맛을 내는 성분이 캡사이신이라는 화학 물질뿐이라고 단정하기 때문이다. 그래서 매운맛의 정도는 캡사이신 농도에 따라 결정된다. 이렇게 정의된 지표가 스코빌이다. 다시 말해 캡사이신 농도 1ppm＝5스코빌로 정의한다(1ppm은 1kg당 1mg 들어있다는 의미-옮긴이).

[그림 7-6] 주요 매운 고추의 매운맛 순위

	이름	주요 생산지	스코빌 지수
1	페퍼 X	미국	318만
2	드래건스 브레스 칠리	영국	240만
3	캐롤라이나 리퍼	미국	220만
4	부트 졸로키아	인도	220만
5	도싯 나가	인도	160만
6	트리니다드 모루가 스콜피언	미국	150만
7	트리니다드 스콜피언 부치 테일러	미국	146만
8	나가 바이퍼	영국	138만
9	인피니티 칠리	영국	106만
10	SB카프맥스	일본	65만

출처: 〈언젠가 도움이 될 토막 지식: 2018년 세계에서 가장 매운 고추 20선〉을 참조하여 스코빌 지수로 순위화

각종 매운 식품의 스코빌 지수를 표로 정리했다. 일본산 고추는 10만 정도인데, 세계에서 가장 매운 고추는 300만이다(청양고추는 4천만~1만 정도다-옮긴이). 그런데 '맵다'라는 감각에는 여러 종류가 있는 듯하다. 일본 문화권의 사람이 '맵다'고 느끼는 고추냉이는 다른 문화권 사람에게 '맵다'가 아닌 다른 감각으로 받아들여진다고 한다.

서구권에서 채택한 '짠맛, 단맛, 신맛, 쓴맛'의 4가지 맛에 5번째 맛인 '감칠맛'이 추가됐기 때문인지, 최근 들어 6번째 기본 맛을 더하려는 움직임이 있다. 현재 후보로 거론되는 맛은 다음 3가지다.

- **칼슘맛**　**칼슘맛은 우유의 맛**이라고 한다. 쥐는 칼슘에 대한 독립된 미각을 갖고 있어서 다른 요소에 영향을 받지 않는다고 한다.
- **지방맛**　인간은 지방이 들어 있는 음료와 그렇지 않은 음료를 가려낼 수 있다고 한다. 하지만 그것이 지방 단독의 맛인지 지방에 항상 따라붙는 불순물의 맛인지는 식별하기 어렵다고 한다.
- **깊은맛**　여러 식재료가 어우러져 생기는 복잡한 맛, 즉 '깊은' 감칠맛은 존재한다. 하지만 이 '깊은맛'을 단독으로 표현할 수 있는 화학 물질이 있다는 사실은 놀랍다. 글루타싸이온이라는 물질인데 3가지 아미노산이 결합해 만들어진다. 글루타싸이온 자체에는 맛이 없지만 어떤 기본 맛을 다른 기본 맛으로 증대시킬 수 있고, 그 미각이 지속되는 시간에 영향을 미친다고 한다.

고추냉이의 향

일본 요리를 대표하는 향이라고 할 만한 고추냉이의 향은 이소티오시아네이트라는 분자의 향이다. 그런데 이 분지가 고추냉이에 들어 있는 것은 아니다. 고추냉이에 들어 있는 분자는 시니그린이다. 고추냉이를 갈면 고추냉이 속에 있는 효소의 작용으로 시니그린이 분해되어 이소티오시아네이트로 바뀌는 것이다.

하지만 이소티오시아네이트는 아주 쉽게 휘발하는 분자여서 내버려 두면 고추냉이의 향이 금세 날아가 버린다. 가정에서 흔히 사용하는 튜브에 든 고추냉이를 개발할 때도 이 휘발성이 걸림돌이었다.

해결사 역할을 한 것은 포도당이었다. 포도당 분자는 육각형 연처럼 생겼는데 포도당 분자 5~6개가 원형으로 결합한 분자가 있다. 사이클로덱스트린이라는 분자다. 이 분자의 입체 구조는 마치 육각형 연이 연결된 통처럼 생겼다.

보통 분자는 고양이가 냄비 안에 들어가 몸을 동그랗게 마는 것처럼 다른 분자에 둘러싸이기를 선호하는 성질이 있다. 이것을 판데르발스 힘이라고 한다. 그런 성질 때문에 고추냉이의 향인 이소티오시아네이트가 사이클로덱스트린 안으로 쏙 들어가서 휘발하기를 잊어버리는 것이다.

튜브에 든 고추냉이에는 이소티오시아네이트가 사이클로덱스트린 안에 얌전히 자리 잡고 있다. 튜브를 짜서 고추냉이를 간장에 넣으면 사이클로덱스트린이 녹으면서 이소티오시아네이트가 튀어나와 향이 확 올라오는 것이다.

과학의 눈으로 보는
발효 조미료

된장, 간장, 식초, 미림은 어떻게 만들까?

조미료 중에는 **발효 식품**이 많다. 일본의 된장, 간장, 식초, 미림은 물론 아시아의 장류, 어간장류, 또 미국의 타바스코 등도 발효를 이용해 만들어진다. 유럽의 우스터소스도 발효를 이용한 조미료라고 할 수 있다. 이번에는 발효 조미료 만드는 방법을 몇 가지 살펴보자.

된장(미소)은 삶은 콩에 소금과 누룩을 섞은 다음 발효시켜서 만든다. 된장을 만들 때 사용하는 누룩은 쌀로 만든 쌀누룩, 보리로 만든 보리누룩, 콩으로 만든 콩누룩이 있으며 각각 쌀된장, 보리된장, 콩된장이라고 불린다.

된장에는 적된장과 백된장이 있는데 원재료의 차이가 아니라 숙성 기간의 차이로 인한 것이다. 쌀누룩을 많이 사용하면 숙성 기간이 짧아서 백된장이 된다. 그에 반해 보리누룩이나 콩누룩을 사용하면 숙성 기간이 길어서 색이 붉어진다. 이런 현상은 당과 단백질이 일으키는 복잡한 반응인 메일라드 반응으로 인해 생긴다. 보통 백된장은 단맛이 있고 적된장은 깊은 맛이 있다.

간장은 된장을 더 발효시킨 것이라고 볼 수 있다. 된장을 만들 때 된장 윗부분에 액체가 뜨는데, 그 액체를 모은 것이 간장의 기원으로 여겨진다. 일본간장에는 몇 가지 종류가 있다.

일반적으로 사용되는 종류는 진한 간장으로 간장 생산량의 약 80%를 차지한다. 에도 시대 중기 관동 지방에서 유래했다. 콩과 밀을 원료로 사용하며 비율은 반반 정도다.

연한 간장은 색이 옅고 짠맛이 강하다. '연한'이라고 해서 염분이 적은 게 아니다. 진한 간장보다 염도가 오히려 10% 정도 더 높다. 그만큼 사용량이 적어서 요리에 간장색이 나오지 않으므로 식재료의 배색을 중시하는 교토 전통 요리 등에 사용된다.

재담금 간장은 감로 간장이라고도 불리며 풍미와 색깔 모두 깊고 진하다. 담글 때 소금물 대신 간장을 사용해서 재담금 간장이라고 불린다. 원료는 밀이 중심이고 콩은 적게 들어간다.

식초에는 아세트산이 3~4% 정도 들어 있다. 기본적으로 식초는 곡물을 알코올 발효시켜 만든 에탄올을 아세트산균이 아세트산으로 변환시키는 방식으로 만들어진다.

식초에는 몇 가지 종류가 있는데 일본에서는 쌀로 만든 쌀식초와 그 외의 곡물로 만든 곡물식초가 주로 사용된다(한국은 사과식초, 양조식초, 현미식초 순으로 많이 쓰인다-옮긴이). 쌀식초에는 구연산도 들어 있다. 유럽에는 와인으로 만든 와인 비니거, 와인 비니거를 몇 년 더 숙성시킨 발사믹 식초 등이 있다.

미림은 일본 요리에 달콤함을 더해주는 조미료로 술의 일종이라고 볼 수 있다. 단맛이 나는 노란색 액체에 당분이 40~50%, 알코올 성분이 14% 정도 함유되어 있다.

미림을 만들 때는 찐 찹쌀에 쌀누룩과 소주를 섞어 60일 정도 발효시킨 후 여과한다. 그 사이에 누룩곰팡이의 작용으로 찹쌀에 들어 있는 녹말이 당화하면서 단맛이 생긴다. 처음부터 알코올 성분이 들어가므로 효모균에 의한 알코올 발효는 일어나지 않는다. 그래서 사케보다 더 달콤해진다.

전 세계의 다양한 술잔

'발효'하면 그다음은 으레 '술'로 이어진다. 술은 신기한 식품이다. 보통 음료에 속하지만 일본 요리에서는 소미료로 빠지지 않는 재료다. 생선조림에는 술이 꼭 들어가고, 데리야키 양념 구이용 소스를 만들 때도 미림이 들어간다. 새우 술찜 같은 요리에서는 조미료 이상의 역할을 한다.

술이 있으니, 술을 마시는 그릇인 술잔이 있기 마련이다. 각 나라마다 문화적 배경에 따른 술잔이 있다. 예를 들어 유럽은 와인을 디캔터(숙성된 레드와인의 침전물을 걸러내는 도구-옮긴이)에 넣는 경우도 있지만, 와인이든 브랜디든 대부분 병에서 잔으로 직접 따른다.

재질로 분류하면 유리 또는 크리스털 유리이며 조각이나 식각이 들어간 잔도 있다. 잔의 형태는 다양한데 마시는 술의 종류에 따라 거의 정해져 있다. 향을 즐기는 술에는 입구가 좁아지는 잔, 차갑게 마시는 술에는 스템(잔의 다리 부분)이 긴 잔과 같이 유럽다운 합리성이 엿보인다는 점이 또 재미있다.

| 셰리 | 와인 | 샴페인 | 칵테일 | 브랜디 | 고블릿 | 온더록 | 텀블러 |

아마자케와 시로자케는 같은 술일까?

히나마쓰리(매년 3월 3일 여자아이의 건강과 행복을 비는 일본의 전통 축제-옮긴이) 때 마시는 하얀 음료는 '시로자케(白酒)', 여름날 사찰 경내에서 갈대발에 둘러싸여 마시는 하얀 음료는 '아마자케(甘酒)'다. 겉으로 보기에는 비슷한데 둘은 같은 술일까?

　아마자케와 시로자케는 전혀 다른 술이다. 아마자케는 밥이나 죽에 쌀누룩을 넣어 녹말을 당화시켜 만들며 알코올 성분은 거의 없는 달콤한 음료다. 그에 반해 시로자케는 찐 찹쌀이나 쌀누룩에 미림이나 소주를 넣고 알코올 발효시켜 만든다. 알코올 함량이 9% 정도다. 아마자케를 마시고는 운전해도 괜찮지만, 시로자케를 마셨다면 운전을 하면 안 된다.

제 8 장

생유와 달걀은

완전식품

생유의 성분과 특징은?

왜 포도당이 아니라 유당이 들어 있을까?

생유(젖)는 포유류의 어미가 새끼를 키우기 위해 분비하는 체액이다. 생유는 스스로 외부에서 영양분을 섭취할 수 없는 젖먹이가 성장하는 데 필요한 영양을 충분히 공급하는데, **영양소만 충분한 게 아니라 면역 항체 등도 함유된 완전식품**이다.

모든 포유류는 종마다 고유한 젖을 분비한다. 성분은 크게 다르지 않다고 알려져 있지만 농도에는 차이가 있다. 우유를 예로 들어 성분과 농도를 나타냈다. 물론 수분이 가장 많아서 90% 정도를 차지하고, 나머지 고형분은 지방분과 무지 고형분이다. 우유의 지방은 동물성 지방이라 포화 지방산의 비율이 높다 보니(육류보다 높음) 건강에 대한 우려 때문

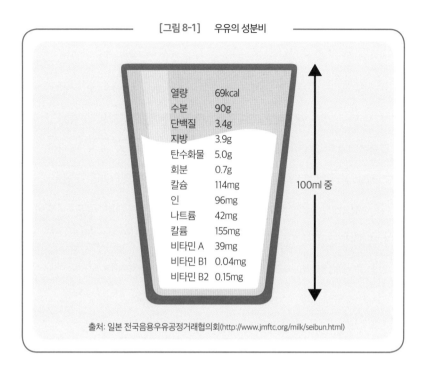

[그림 8-1] 우유의 성분비

열량	69kcal
수분	90g
단백질	3.4g
지방	3.9g
탄수화물	5.0g
회분	0.7g
칼슘	114mg
인	96mg
나트륨	42mg
칼륨	155mg
비타민 A	39mg
비타민 B1	0.04mg
비타민 B2	0.15mg

100ml 중

출처: 일본 전국음용우유공정거래협의회(http://www.jmftc.org/milk/seibun.html)

에 지방분을 일부 제거한 저지방 우유도 제조된다.

무지 고형분에는 단백질, 유당, 비타민, 회분이라고도 불리는 미네랄이 포함된다. **우유의 유당 함유율은 약 5%인데 말의 생유는 6.2%, 사람의 모유는 7%나 된다.** 유당은 젖에만 들어있는 당으로, 포도당과 갈락토스라는 2가지 단당류로 이루어져 있다. 유당은 젖먹이의 중요한 에너지원인데, 체내에서 소화, 가수분해되어 포도당과 갈락토스로 쪼개진다. 그 후 포도당은 그대로 신진대사 체계로 들어가 분해되어 에너지로 전환되지만, 갈락토스는 간에서 포도당으로 전환되고 나서야 신진대사 체계로 들어간다.

그렇게 번거롭게 하지 말고 애초에 포도당만, 즉 포도당 2개가 결합한 맥아당을 유당 대신 젖 속에 넣어 두면 될 텐데 싶지만 여기에는 그럴 만한 사정이 있다. **세포에는 포도당을 받아들이는 한도가 정해져 있고, 그 한도를 넘으면 거부 반응을 일으켜 당뇨병에 걸리기 때문**이다.

그래서 궁여지책으로 포도당을 갈락토스로 변장시켜서 잠입하게 한 것이다. 다만 그 결과 성가신 문제가 발생하는데, 자세한 내용은 뒤에서 살펴보겠다.

43

일본에는 왜
액상 분유가 없었을까?

1955년의 비소우유 사건

분유는 정해진 농도에 맞춰 물에 타서 모유 대신 아기에게 먹인다. 하지만 이런 방식이라면 재해 발생 등으로 물을 구할 수 없을 때 난감하다. 2016년 발생한 구마모토 대지진 때 외국에서 보내온 구호 물품 안에 분유를 액상으로 만든 액상 분유가 들어있었는데, 사용해 본 사람들 사이에서 '편리하다'는 칭찬이 자자했다고 한다.

그런데 일본에는 불과 몇 년 전까지만 해도 액상 분유가 없었다. 이유가 무엇일까? '규격이 정해져 있지 않아 만들 수 없기 때문'이었다. 일본에서는 아기용 유제품의 규격을 후생노동성령으로 결정한다. 그에 따르면 아기용 '조제분유'의 정의는 '생유나 우유 등을 주요 원료로 하여 영유아에게 필요한 영양소를 추가해 **분말 형태로 만든 것**'이라고 표기되어 있었다.

요컨대 처음부터 분유만 염두에 두었던 것이다. 액상 분유라는 표기가 없으므로 액상 분유는 만들 수 없다(만들지 않는다)는, 어딘가 어정쩡한 태도가 엿보인다. 그러다가 거듭된 재해로 액상 분유에 대한 요구가 높아짐에 따라 2018년 후생노동성령이 개정되었다. 그리고 2019년 마침내 액상 분유가 슈퍼마켓 선반에 진열되었다.

이번에는 상당히 끔찍한 사건을 사례로 들겠다. 사건은 1955년 주로 서일본 지역에서 일어났다. 건강한 아기가 분유를 먹은 후에 구역질, 구토, 설사, 심한 복통을 일으켰고, 쇼크 상태에서 사망한 아기도 있었다.

오카야마 대학에서 이를 조사해보니 같은 증상을 보인 환자가 12,344명이었고 그중 사망자는 130명이었다. 좀 더 깊이 조사하는 과정에서 원

[그림 8-2] 바로 마실 수 있어 편리한 액상 분유

제 8 장 생유와 달걀은 완전식품

인은 **비소 중독**이며 모리나가유업에서 만든 분유에 맹독인 비소가 섞여 있었다는 사실이 밝혀졌다.

피해자들은 모리나가유업을 상대로 소송을 제기했다. 그러나 모리나가유업 측은 분유에 넣은 '안정제'에 비소가 섞여 있었던 것이 원인이라고 주장했다. 다시 말해 불순물로 비소가 섞여 있었던 안정제가 원인이므로 모리나가유업에는 책임이 없다고 주장한 것이다. 이 주장이 받아들여지면서 1심은 모리나가유업이 승소했다.

그런데 뜻하지 않은 곳에서 증언이 나오면서 사태가 급변했다. 당시 일본국유철도(지금의 JR)에서는 모리나가유업이 구입한 것과 똑같은 안정제를 같은 회사로부터 청소 자재로 구입해 왔는데, 납품받은 안정제를 일본국유철도가 자체 검사한 결과 비소 함량이 너무 높아서 반품했다는 증언이었다.

일본국유철도에서 청소 자재로 사용하는 것조차 '위험하다'며 구매를 거부했던 물질을, 영유아에게 먹일 분유에 넣으면서 제대로 검사조차 하지 않고 그대로 제품에 사용했다는 것은 말도 안 되는 일이라는 비판이 일면서 재판의 흐름은 크게 달라졌다. 재판은 형사와 민사가 뒤섞인 데다 대법원 환송까지 이어져 몹시 복잡해졌지만, 결국 원고 측의 승소로 끝났다. 하지만 오랫동안 이어진 재판으로 원고 측 내부에서 분열까지 일어나 회복 불가능할 정도의 상처를 남겼다. 액상 분유가 좀처럼 나오지 못했던 것은 이런 사건이 발목을 잡았기 때문인지도 모른다.

콜로이드 용액이란?

생유는 정말 특이한 용액이었다

'생유란 지방과 단백질을 위주로 각종 영양소가 녹아 있는 수용액'을 말한다. 이 말에는 쉽게 고개가 끄덕여질 것이다. 그런데 지방은 물에 녹지 않는다. 왜 생유에는 지방이 녹는 걸까?

앞에서 살펴보았듯 용액은 보통 투명하고, 용질은 분자가 하나씩 떨어져 나가 용매 분자에 둘러싸이며 용매화한다. 하지만 생유는 투명하지 않다. 그런데도 용액이라고 할 수 있을까? 사실 생유 속의 지방이나 단백질은 분자가 하나씩 떨어져 있지도 않고 용매화 상태도 아니다.

지방은 지방 분자 수만 개가 모인 지방구라는 덩어리로 되어 있다. 지방구의 지름은 0.1~20μm(마이크로미터, 1μm=1/1,000mm)인데, 우유의

제 8 장 생유와 달걀은 완전식품

경우는 1ml 안에 150억 개나 있다고 한다. 단백질도 비슷한 상태다.

이렇게 큰 입자가 떠다니는 액체는 특이한 액체라서 별도로 콜로이드 용액이라고 부른다. 그리고 떠다니는 입자를 콜로이드 입자, 액체를 분산매라고 한다. 요컨대 **생유는 단순한 용액이 아니라 콜로이드 용액이라는 특이한 용액**인 것이다.

콜로이드 입자처럼 큰 입자는 중력의 영향으로 용액 바닥에 가라앉아 굳어버리는 게 당연하다. 물에 푼 밀가루가 그렇다. 푼 직후에는 균일하게 풀려 있지만 그대로 내버려 두면 밀가루가 아래로 가라앉아 굳어 버린다.

생유와 같은 콜로이드 용액만 입자가 중력의 영향도 받지 않고 분산매(물) 속을 계속 떠다니는 이유는 무엇일까? 여기에는 2가지 이유가 있다.

① 콜로이드 입자 주변에 물 분자가 빽빽이 붙어 있어서 더 큰 입자를 이루지 못해 침전할 수 없기 때문이다.
② 모든 콜로이드 입자의 표면이 같은 전하를 띠고 있어서 정전기적 반발력 때문에 서로 모일 수 없기 때문이다.

①의 이유로 생긴 콜로이드를 친수성 콜로이드, ②의 이유로 생긴 콜로이드를 소수성 콜로이드라고 한다.

생유 속의 지방구는 소수성이지만 친수성 단백질인 카세인이 지방구

주위를 둘러싸고 있어서(유화) 생유 전체가 친수성 콜로이드와 유사한 상태다. 다시 말해 지방구 주위를 카세인이 둘러싸고 있고, 그 주위를 물 분자가 둘러싸고 있는 것이다. 카세인처럼 작용하는 물질을 보호 콜로이드라고 부른다. 생유는 복잡한 액체인 것이다.

자연계에는 콜로이드가 많이 있고 식품에도 많이 있다. 흔히 접하는 종류로는 화장품의 크림, 혈액, 생선의 이리(수컷 물고기의 생식소-옮긴이), 마요네즈 등이 있다.

[그림 8-3]　콜로이드에도 액체·기체·고체, 3종류가 있다

분산매	콜로이드 입자	일반 명칭	예
기체	액체	액체 에어로졸	안개, 스프레이
	고체	고체 에어로졸	연기, 먼지
액체	기체	거품	거품
	액체	유탁액(에멀션)	우유, 두유, 마요네즈
	고체	현탁액(서스펜션)	페인트, 실리카 졸
고체	기체	고체 거품	스펀지, 실리카 젤, 경석, 빵
	액체	고체 에멀션	버터, 마가린, 마이크로캡슐
	고체	고체 서스펜션	착색 플라스틱, 착색유리, 루비

또 분산매가 꼭 액체인 것은 아니다. 수증기는 기체 분산매인 공기 중에 물의 미립자가 떠다니는 '기체 콜로이드'이며, 안개와 구름도 마찬가지다. 마요네즈는 생유와 마찬가지로 지방구가 보호 콜로이드인 달걀의 단백질에 둘러싸인 채 분산매인 식초 속을 떠다니는 '액체 콜로이드'다. 버터는 고체인 지방이 분산매이고 안에 떠다니는 물이 콜로이드 입자인 '고체 콜로이드'다. 빵은 고체 분산매 속에 기포가 콜로이드 입자인 '고체 콜로이드'다.

콜로이드 중에서 생유, 수증기, 안개, 구름, 마요네즈 등과 같이 **유동성이 있는 것을 '졸'**이라고 한다. 그에 반해 버터, 빵 등과 같이 **고체 상태인 것(고체 콜로이드)을 '젤'**이라고 한다. 건조제인 실리카 젤은 고체인 이산화규소가 분산매이고 기포가 분산질인 고체 콜로이드라서 실리카 젤이라고 불리는 것이다.

물에 녹인 젤라틴은 유동성이 있는 액체 콜로이드이므로 '졸'이지만, 저온에서 굳어지면 유동성을 잃어 고체 콜로이드인 '젤'이 된다.

시판 우유의 종류와 특징은?

성분 조정, 지방구의 균일화, 살균법

슈퍼마켓 우유 코너에 가면 성분 무조정 우유와 성분 조정 우유뿐 아니라 종이 팩에 담긴 각양각색의 우유가 진열되어 있어서 무엇을 골라야 할지 난감하다. 우유마다 어떤 차이가 있을까?

우유의 분류 방법은 여러 가지가 있는데 일단 성분을 조정하지 않은 성분 무조정 우유와 성분을 조정한 성분 조정 우유로 나눌 수 있다.

원유의 성분은 계절별로 차이가 있다. 즉 겨울철에는 건초를 먹어서 성분량이 높아지고 여름철에는 싱싱한 풀을 많이 섭취해서 지방분이 줄어들다 보니 맛이 진해지기도 하고 연해지기도 한다. 이런 맛의 차이를 조정한 것이 '성분 조정 우유'다. 또 최근의 건강 열풍을 반영해서 지방

성분을 줄인 저지방 우유나 칼슘을 첨가한 우유도 있다.

그리고 '균질 우유'와 '비균질 우유'로 나눌 수 있다. 균질기라는 기계를 이용해 **우유의 지방구 크기를 지름 2μm 이하로 균일화**한 것을 균질 우유라고 한다. 제품 속의 크림 층이 분리되지 않게 함과 동시에 제품 간의 편차를 막는 작용을 한다.

한편 균일화하지 않은 비균질 우유는 병에 담은 지 며칠이 지나면 하얗고 걸쭉한 크림 층이 뜰 수 있다. 이것은 우유의 지방구를 균일화하지 않아서, 입자가 큰 지방구가 그대로 우유 속에 남아 크림으로 뭉쳐졌기 때문에 일어나는 현상이다.

살균법에 따라 나눌 수도 있다. 살균법에 사용하는 온도와 가열 시간의 차이는 주로 다음과 같다.

- **저온 장시간 살균법**(LTLT법)　63℃에서 30분간 가열한다. 저온이어서 단백질의 열변성이 일어나지 않으므로 우유(저온 살균 우유)의 풍미가 변하지 않는다.
- **고온 단시간 살균**법(HTST법)　72~78℃에서 15초간 가열한다. 열에 약한 균은 사멸하지만 내열성이 강한 균이 남아 있으므로 유통 기한이 7~10일 정도로 짧다. 단백질의 열변성은 막을 수 있다.
- **초고온 순간 살균법**(UHT법, UP법)　120~135℃에서 1~3초간 가열한다. 내열성이 강한 균도 사멸한다. 저온 장시간 살균법에 비해 간편

한 데다 유통기한이 길어지므로 한국과 일본의 시판 우유는 대부분 이 방법으로 처리된다.

- **멸균 우유**(Long life milk)　135~150℃에서 1~3초간 살균한 후 공기와 빛을 차단하는 알루미늄 코팅 팩이나 플라스틱 용기 등에 무균 상태로 충전 포장한 우유다. 개봉하지 않은 상태에서 3개월 정도 상온에 보관할 수 있다.

46

젖의 성분도 가지각색

각각 성분이 다른 이유는 무엇일까?

사람들 대부분 '생유(milk)=우유'라고 생각하지 않을까? 분명 영어의 밀크에는 우유라는 의미가 있지만 우유(소젖)만을 가리키는 것은 아니다. 다시 말해 사람의 젖도, 고양이나 개의 젖도 포함된다. 이런 것은 생유라고는 불러도 '우유'라고 부르지는 않는다. 말이나 염소의 생유는 전세계에서 식품으로 이용되고 있다. 게다가 '우유'라고 해도 젖소인 홀스타인이 있고, 식육용 소인 일본흑소가 있고, 농사용 소인 물소도 있다. '소'도 종류가 다양한 것이다.

이렇게 다양한 동물이 분비하는 젖의 성분은 어떻게 이루어져 있을까? 〈그림 8-4〉에 몇몇 동물의 젖 성분비를 정리해두었다. 각각의 동물은 자기가 사는 환경과 새끼의 미래를 고려해서 자기 새끼가 건강하게 자라기에 가장 적절하다고 여겨지는 성분을 만들어낸다. 이런 점을 보면 생물의 위엄성에 절로 고개가 숙어진다.

표에서 가장 눈에 띄는 부분은 물개, 고래 등 바다에 사는 동물의 젖에 고형분이 많다는 점 아닐까? 이것은 바닷속에서 수유해야 한다는 불리한 조건을 고려했기 때문일지도 모른다. 여러 번의 시도 끝에 다행히 한 차례 수유에 성공했을 때 가능한 한 많은 영양분을 새끼에게 주기 위해서인 듯싶다.

영장류인 인간과 오랑우탄 사이에 큰 차이가 없는 것은 당연하다. 하지만 이 두 종이 유당이 많다는 점(인간 7%, 오랑우탄 6%)은 특별히 언급할 만한 대목이다. 유당의 농도가 비슷한 포유류는 말 정도다. 말의 젖은 이렇게 많이 함유된 당분을 알코올 발효시켜 마유주라는 술을 만드는 원료로 사용하는데, 이 내용은 뒤에서 다루겠다.

같은 소라도 일반 소와 물소는 지방량에 큰 차이가 있음을 알 수 있다. 물소의 젖은 일반 소의 젖보다 지방이 상당히 풍부하다. 물소 젖으로 만든 치즈의 맛이 깊고 진한 이유는 이 부분 때문인 듯하다.

개와 고양이는 지방량에 큰 차이가 있는데, 어쩌면 개가 인간과 오랜 세월 함께했기 때문이지 않을까? 인간과 함께 오래 지내면 지방이 많은 대사 증후군 체질이 옮는지도 모른다.

큰곰은 동면하는 동물이고 젖은 동면 중에 어미가 새끼에게 주는데,

[그림 8-4]　여러 동물의 젖 성분

100ml 중

동물	총고형분	지방	단백질	카세인	유당	회분
인간	12.4	3.8	1.0	0.4	7.0	0.2
오랑우탄	11.5	3.5	1.5	1.1	6.0	0.2
소	12.7	3.7	3.4	2.8	4.8	0.7
물소	17.2	7.4	3.8	3.2	4.8	0.8
염소	13.2	4.5	2.9	2.5	4.1	0.8
말	11.2	1.9	2.5	1.3	6.2	0.5
돼지	18.8	6.8	4.8	2.8	5.5	–
개	23.5	12.9	7.9	5.8	3.1	1.2
고양이	–	4.8	7.0	3.7	4.8	1.0
산토끼	–	19.3	19.5	–	0.9	–
생쥐	29.3	13.1	9.0	7.0	3.0	1.3
큰곰	11.0	3.2	3.6	–	4.0	0.2
아프리카코끼리	20.9	9.3	5.1	–	3.7	0.7
애기박쥐종	40.5	17.9	12.1	–	3.4	1.6
물개	65.4	53.3	8.9	4.6	0.1	0.5
대왕고래	57.1	42.3	10.9	7.2	1.3	1.4

오카야마 대학 농학부 축산물 이용학 교실 가타오카 케이「각종 포유동물의 젖 성분비 비교」에서

그런 것 치고는 성분비가 다른 동물과 다르지 않아서 의외다.

　코끼리와 생쥐는 몸 크기가 하늘과 땅만큼 차이가 큰데도 성분비로 보면 생쥐 젖의 지방량이 더 풍부하다. 지방과 단백질 모두 생쥐가 50% 정도 더 많을 정도다. 하지만 이는 농도를 비교한 것일 뿐, 정말로 비교해

야 하는 부분은 새끼가 먹는 양이다. 새끼가 영양분을 얼마나 섭취했는지 계산하려면 먹은 젖의 양과 영양분의 농도를 곱해야 한다. 코끼리 새끼는 고래가 물 마시듯 벌컥벌컥 들이킬지도 모를 일이다.

박쥐는 독특한 포유류인데 젖의 성분비도 별다르다. 지방과 단백질 모두 우유보다 농도가 3~4배나 높다.

이처럼 젖의 성분 차이만 비교해 보아도 생각할 거리가 많다.

47

생유 가공품을 알아보자

크림, 휘핑크림, 버터, 탈지분유?

생유는 소중한 가축을 죽이지 않고 얻을 수 있는 식품이므로 많은 유목 민족의 식량으로 요긴하게 쓰였다. 그중에는 생유뿐 아니라 생유를 다양하게 가공한 식품도 있다. 우유를 바탕으로 생유의 주요 가공품을 살펴보자.

정제하지 않은 우유를 가열 살균한 후 방치, 냉각하면 위쪽에 크림 층이 분리된다. 이 현상은 말하자면 콜로이드 상태가 일부 파괴된 것으로 볼 수 있다. 비중이 작은 지방구가 보호 콜로이드인 카세인의 제지를 뿌리치고 콜로이드 용액의 위쪽으로 빠져나간 것이다.

산업용 제품을 만들 때는 원심 분리기를 이용해 분리한다. 용도나 목적에 따라 지방 함량이 18~30%인 라이트 크림은 커피용, 30~48%인 헤비 크림은 휘핑용으로 분류된다. 크림을 제외한 나머지를 탈지유라고 한다.

크림은 우유(콜로이드 상태)를 탈출한 지방구 집단인데, 지방구는 여전히 카세인 막에 둘러싸인 채 물속을 떠다니고 있다. 다시 말해 크림은 생유보다 농도가 높은 콜로이드 상태. 크림을 **세차게 휘저으면(교반) 지방구를 에워싼 카세인 막이 부분적으로 파괴**된다. 그러면 지방구는 파괴된 부분이 맞닿도록 달라붙어서 내부의 지방이 밖으로 나가지 못하게 막는다.

점점 더 세게 휘저어서 많은 지방구가 손상되면, 그에 따라 더 많은 지방구가 달라붙어 더 큰 조직을 이룬다. 이윽고 이 조직은 내부에 기포를 머금는다. 이 상태가 **휘핑크림**이다. 그 상태에서 더 세게 휘저으면 지방구가 완전히 부서지면서 지방과 수분이 분리된다. 즉 콜로이드 상태가 파괴되는 것이다.

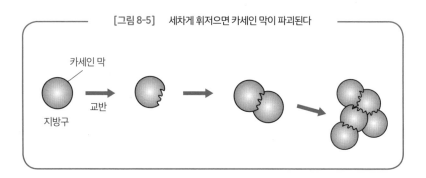

[그림 8-5]   세차게 휘저으면 카세인 막이 파괴된다

제 8 장 생유와 달걀은 완전식품

우유의 지방을 굳힌 것이 버터다. 버터는 크림을 이용해 다음과 같은 방법으로 만든다. 먼저 크림을 10℃ 이하의 온도에서 세차게 휘저으면 지방구가 뭉쳐서 콩 크기 정도의 버터 알갱이가 된다. 그 알갱이를 모아서 충분히 반죽하면 버터가 완성된다. 버터 알갱이를 제외한 나머지 액체 부분은 버터밀크라고 불리며, 분말로 만들어 업소용으로 쓴다.

치즈 주성분은 우유에 든 단백질의 일종인 카세인이다. 카세인은 분자 내에 친수성인 부분과 소수성인 부분이 있어서 비누 분자 등의 계면 활성제와 마찬가지로 물속을 계속 떠다니기만 할 뿐 서로 엉겨 붙어 뭉치지 않는다. 그러나 식초나 유산균을 넣어 산성으로 만든 다음 레닛(응유 효소)을 추가하면 가수분해로 인해 카세인 분자의 친수성 부분이 분리되어 카세인 분자끼리 엉겨 붙으면서 가라앉기 시작한다. 엉겨 붙어 덩어리진 부분을 분리해서 성형하면 치즈가 완성된다. 치즈의 종류에 따라서는 그 후에 곰팡이를 피우는 등 장기간 숙성시키기도 한다.

우유는 발효시켜 사용하는 경우가 많다. 앞에서 말했듯 치즈를 만들 때도 유산균을 이용해 발효시킨다. 유산균을 우유에 적극적으로 증식해 유산 발효시키면 고체로 변한 부분과 액체 부분으로 분리된다. 고체로 변한 부분이 요구르트('야쿠르트'는 요구르트 제품의 상품명이다)이고, 윗부분에 생긴 맑은 액체 부분을 유청이라고 부른다. 유산균은 우유에 든 단백질을 아미노산으로 분해할 뿐 아니라 유당도 분해하므로 요구르트는 뒤에서 살펴볼 유당 불내증이 있는 사람도 먹을 수 있다.

유지방을 제거한 우유를 탈수 건조하여 가루로 만든 것을 탈지분유라고 한다. 보존성이 뛰어나고 단백질, 칼슘, 유당 등 영양가가 많다.

발효 버터는 일반적일까, 일반적이지 않을까?

일본에서는 최근 들어 유산균으로 유산 발효시킨 발효 버터가 주목받고 있다. 유산균은 공기 중을 포함해 어디에나 있는 균이므로 무균 상태를 만들 수 없었던 옛날에는 모든 가공식품에 유산 발효가 관여했다고 볼 수 있다. 이런 사정은 버터도 마찬가지다. 따라서 유럽에서 버터라고 하면 '발효 버터'가 일반적이다. 발효하지 않은 특수한 버터는 무균 상태를 만들 수 있게 된 이후부터 나왔다.

하지만 일본에서는 무균 상태를 만들 수 있게 된 후부터 버터를 생산했다. 그래서 일본에서는 발효하지 않은 버터가 일반적인 버터이고 발효 버터가 특수한 버터라는 역전 현상이 나타난 것이다(한국도 발효하지 않은 버터가 더 일반적이다-옮긴이).

생유에도 독성이 있다?

우유 알레르기, 유당 불내증이란?

생유는 아기에게 필요한 영양소가 부족함 없이 골고루 함유된 완전식품이지만, 그렇다고 해서 완벽하게 안전한 식품은 아니다. 사실 위험성도 있다. 그중 하나는 우유 알레르기다. **우유에 들어 있는 α-카세인이라는 단백질에 대한 알레르기**다. 특히 어린이에게 우유는 달걀 다음으로 식품 알레르기가 나타나는 비율이 높은 식품이다. 보통 배탈이 나는 정도이고, 2~3살이 되면 자연스럽게 내성이 생겨 증상이 사라진다. 그러나 다른 알레르기와 마찬가지로 아나필락시스 쇼크(두드러기, 구토, 호흡 곤란 등의 증상이 급격하게 나타나는 신체 반응-옮긴이)를 일으키면 치명적이므로 주의해야 한다.

알레르기가 없지만 생유를 마시면 배가 아파지거나 뱃속이 부글부글 끓으면서 설사가 나는 증상을 유당 불내증이라고 한다. 이런 증상이 나타나는 이유는 **유당을 분해하는 효소인 락타아제가 부족하기 때문**이다. 포유류는 보통 태어난 후 얼마 동안은 락타아제가 많이 분비되다가 서서히 줄어든다(그 밖에 선천성 락타아제 결핍인 경우도 있지만 극히 드물다). 유당 불내증을 예방하려면 요구르트처럼 유당을 미리 분해 처리한 우유를 마시면 된다. 또 락타아제 제제 등을 복용하는 방법도 있다.

매우 위험한 것은 유전으로 생기는 심각한 질환인 **갈락토스 혈증**이다. 갈락토스를 분해하는 효소가 부족하거나 아예 없는 사람은 생유를 먹으면 갈락토스 농도가 위험 영역에 도달해버린다. 이렇게 되면 간경변,

[그림 8-6]　유당 불내증이 있다면 요구르트를 먹자

수막염, 패혈증 등 목숨을 위협하는 질병이 발생한다. 적절한 치료가 이루어지지 않을 경우 사망률은 75%에 달한다고 알려져 있다. 요즘은 신생아 선별 검사로 발견할 수 있으므로 한시라도 빨리 발견해서 적절한 치료를 받는 게 중요하다.

49

우유와 유제품의 영양가는?

우유는 고단백 식품

우유 및 유제품의 영양가를 다음에 나오는 〈그림 8-7〉에 정리했다. 도표를 보면 가공하지 않은 우유의 칼로리는 그다지 높지 않다는 것을 알수 있다. 우유는 사람의 모유보다 단백질이 많지만 탄수화물(당분)은 적다. 콜레스테롤은 양쪽 다 낮다. 탈지유에는 지방이 없으니 그만큼 칼로리와 콜레스테롤도 낮아지는 게 당연하다. 하지만 단백질은 그대로 남아있으므로 고단백 식품이라고 할 수 있다. 요구르트의 영양가는 원료인우유와 크게 다르지 않다.

치즈, 크림, 버터 등의 가공품은 칼로리가 껑충 뛰어오른다. 이런 제품은 수분 함량이 적으므로 그만큼 칼로리 수치가 올라간다. 치즈는 단백

[그림 8-7] 우유 및 유제품의 영양가

100g당

	칼로리 kcal	수분 g	단백질 g	총지방 g	포화 지방산 g	콜레 스테롤 mg	탄수 화물 g	식이 섬유 g	식염 상당량 g
사람의 모유	65	88.0	1.1	3.5	1.32	15	7.2	(0)	0
우유	67	87.4	3.3	3.8	2.33	12	4.8	(0)	0.1
탈지유	34	91.0	3.4	0.1	0.05	3	4.8	(0)	0.1
요구르트	62	87.7	3.6	3.0	1.83	12	4.9	(0)	0.1
프로세스치즈	339	45.0	22.7	26.0	16.0	78	1.3	0	2.8
크림	433	49.5	2.0	45.0	(27.62)	120	3.1	(0)	0.1
버터	745	16.2	0.6	81.0	50.45	210	0.2	(0)	1.9
마가린	769	14.7	0.4	83.1	23.04	5	0.5	(0)	1.3

(수치): 추산치, (0): 문헌 등을 바탕으로 함유되어 있지 않다고 추정
일본 식품표준성분표(제7개정판)에서

질이 많고 버터는 지방이 많다는 이미지가 있는데, 표를 보면 알 수 있듯 치즈는 사실 단백질보다 지방이 더 많다.

당연한 말이지만 버터는 대부분 지방 덩어리라서 그만큼 콜레스테롤도 많다. 크림의 2배, 치즈의 3배 정도이니 양이 상당하다. 버터의 높은 포화 지방산량도 확실히 돋보인다. 비교를 위해 인조버터인 마가린도 표에 넣었다. 마가린의 낮은 콜레스테롤양이 확연히 눈에 띈다. 그러나 앞서 살펴보았듯 마가린에는 트랜스 지방산이라는 문제가 있으니, 버터와 마가린은 아무래도 이쪽을 택하자니 저쪽이 아쉬운 관계인 듯하다.

유산균은 장까지 살아서 갈까?

요구르트는 우유를 유산 발효시킨 식품이다. 유산 발효는 주로 유산균이 하는 작용이지만, 유산균이라는 이름을 가진 특정한 균은 존재하지 않는다. 어떤 균이든 당을 분해해서 유산을 만드는 균은 모두 유산균이라고 불린다. 따라서 유산균의 종류는 아주 많다.

살아 있는 유산균을 먹어도 위산과 만나면 대부분 사멸한다. 그러나 몇몇 균은 튼튼해서 위와 소장을 빠져나가 대장에 도달한다고 한다. 이런 균이 몇 가지 알려져 있는데, 각 회사의 연구소에서 배양을 반복한 결과 탄생해서 회사마다 독자적인 유산균을 보유한 경우가 많다.

사람의 장에는 원래 유산균이 존재하며 장을 깨끗하게 하는 정장 작용을 한다. 이 유산균을 증식하고 활성화하기 위해 반드시 살아 있는 유산균을 보내야할 필요는 없다. 현재 있는 유산균의 기능을 활발하게 해 주는 '활성화 성분'을 보내주면 된다. 그런데 죽은 유산균도 살아 있는 유산균을 활성화하는 작용이 있다고 한다. 따라서 살았는지 죽었는지를 떠나 어쨌든 유산균을 먹는 것이 건강에 좋을 듯하다.

50

알을 과학의 눈으로 보면

타조알은 거대한 단세포다

포유류를 제외한 모든 동물은 알을 낳는다. 하지만 식품으로 쓰이는 알은 연어, 대구, 철갑상어 등 몇 가지 어류를 제외하면 모두 조류의 알, 그중에서도 닭의 알인 달걀이다. 달걀은 난각, 난백, 난황으로 이루어져 있으며, 무게의 비율은 대략 난각 : 난백 : 난황 = 1 : 6 : 3이다. 난각(알껍데기)은 조개껍데기와 같은 탄산칼슘($CaCO_3$)으로 이루어져 있다. 난각에는 미세한 구멍이 촘촘하게 뚫려 있는데, 외부의 산소가 들어오고 내부의 이산화탄소가 빠져나가 배아가 호흡할 수 있게 하기 위해서다. 난각 안쪽에는 난각막이라고 불리는 얇은 막이 있다.

난백(흰자위)은 점도가 높은 농후 난백과 점도가 낮은 수양 난백으로 이루어져 있다. 난황(노른자위)은 끈 모양의 '알끈(난대)'에 의해 알의 중심에 단단히 고정되어 있다. **난황은 하나의 독립된 세포**인데, 타조의 난황(지름 10cm)은 지구상에서 달리 예를 찾아볼 수 없는 거대 세포다. 참고로 사람 난자 지름은 0.15mm 정도이므로 난황 크기는 그보다 더 작다.

달걀은 영양을 고루 갖춘 훌륭한 식품이다. 달걀 100g에는 에너지 155kcal, 탄수화물 1.12g, 단백질 12.6g, 지방 10.6g, 콜레스테롤 420mg이 함유되어 있다. 영양분은 대부분 난황에 들어 있으며, 난백은 87%가 수분이고 나머지는 대부분 단백질이다. 달걀의 지방 중 25% 정도는 콜레스테롤로 변환되는 포화 지방산이라서 달걀의 콜레스테롤은 상당히 높은 편이다.

난각 색깔은 흰색과 붉은색이 있는데, 이는 닭의 품종과 유전에 따른 차이일 뿐 **영양가에는 차이가 없다**고 알려져 있다. 난황 색깔 또한 사료에 따라 달라질 뿐 영양가와 관련이 없다고 한다. 또 알의 크기는 주로 난백의 양으로 정해지며 난황이 차지하는 비율은 소형 달걀이 더 높다. 요컨대 알의 크기, 껍데기 색깔, 게다가 노른자 색깔조차도 영양가와 무관하다는 소리다. 그렇다면 어떤 기준으로 달걀을 선택해야 할지 난감하다.

달걀은 다양한 요리에 사용되는데, 조리법이 조금 특이한 피단과 온천 달걀을 알아보자.

피단을 만들려면 생오리알 껍데기에 석회와 숯을 섞은 찰흙을 바르고

제 8 장 생유와 달걀은 완전식품

그 위에 왕겨를 덧바른 다음 서늘하고 어두운 곳에 2~3개월 보관한다. 그러면 석회의 알칼리성으로 인해 껍데기 내부가 서서히 알칼리성으로 바뀌면서 단백질이 변성되어 단단해진다. 최종적으로 흰자 부분은 검은색 젤리 형태, 노른자 부분은 비취색 고체가 된다. 피단은 게 내장처럼 폭신하고 부드러워서 아주 맛있다.

온천달걀은 삶은 달걀의 일종인데 노른자보다 흰자가 더 부드러운 상태라는 특징이 있다. 노른자의 응고 온도(약 70℃)가 흰자의 응고 온도(약 80℃)보다 낮다는 성질을 이용한 조리법으로 약 65~68℃의 물에 30분가량 담가 두면 된다. 이와 반대로 노른자는 부드럽게 유지한 채 흰자를 굳힌 것이 반숙달걀이다.

달걀은 우유와 함께 어린이가 알레르기를 일으키기 쉬운 식품으로 쌍벽을 이룬다. **달걀 알레르기는 대부분 흰자에 있는 단백질 때문에 발생**하는데, 어린이는 장막이 얇아서 이 단백질이 장막을 쉽게 통과한다고 한다. 보통은 자라면서 달걀 알레르기가 사라지는 경우가 많고, 익힌 달걀은 영향이 적다고 한다.

달걀 껍데기에는 살모넬라균이 붙어 있을 수 있어서 위생 상태가 나쁜 날달걀을 먹으면 **살모넬라 식중독**에 걸릴 수 있다. 살모넬라균의 잠복기는 한나절에서 이틀 정도다. 증상은 자칫하면 심해질 수 있으므로 주의해야 하며, 증상이 사라진 것처럼 보여도 체내에 균이 서식하고 있는 경우가 있다. 달걀은 안전한 식품이라고 생각하기 쉽지만, 의외의 함정도

도사리고 있으므로 조심해야 한다.

콜레스테롤이 건강에 해롭다고?

콜레스테롤은 건강에 안 좋다는 이미지가 있는데 크나큰 오해다. 콜레스테롤은 세포막을 구성하는 등 인체에 없어서는 안 될 중요한 물질이기 때문이다. 미국에서 실시한 연구에 따르면 콜레스테롤의 양과 수명 사이에는 상관관계가 있다. 너무 많아도 너무 적어도 안 되는데, 가장 적당한 콜레스테롤양은 혈액 100㎖당 180~200㎎이라고 한다. 그보다 많으면 심혈관 질환으로 인한 사망이 증가하고, 적으면 심혈관 질환 이외의 질병으로 인한 사망이 증가한다고 한다.

콜레스테롤이 건강에 문제가 되는 것은 혈관 속을 이동할 때다. 이때 콜레스테롤은 혼자만 이동하는 게 아니라 반드시 리포 단백질이라는 단백질과 결합한 형태로 이동한다. 리포 단백질은 2종류가 있는데, 둘 중 어느 쪽과 결합하는지에 따라 착한 콜레스테롤로 알려진 HDL 콜레스테롤이 되거나 나쁜 콜레스테롤로 알려진 LDL 콜레스테롤이 된다.

착한 콜레스테롤은 혈액 속에 남아 있는 콜레스테롤을 간으로 운반해서 혈액 속에 콜레스테롤이 늘어나지 못하도록 막아 준다. 한편 나쁜 콜레스테롤은 콜레스테롤을 세포에 전달한다. 그 결과 세포에 필요 이상으로 콜레스테롤이 쌓여 혈관이 굳어지면서 동맥 경화를 촉진한다.

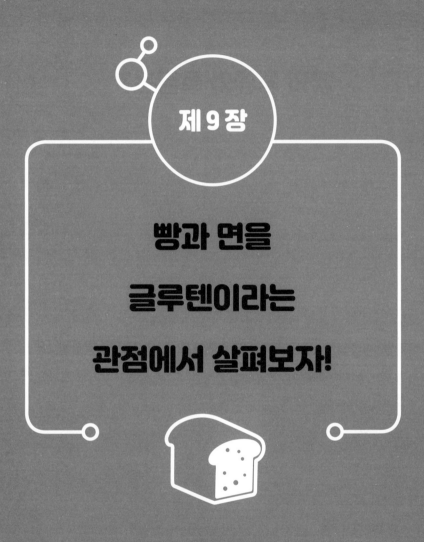

제9장

빵과 면을

글루텐이라는

관점에서 살펴보자!

51

빵의 종류와 특징은?

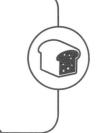

전 세계 빵 비교

빵은 밀이나 호밀 등의 곡물가루에 물과 소금, 효모(이스트)를 넣은 반죽을 발효시켜 기포가 생기게 한 후 구워낸 음식이다. 빵은 전 세계에서 먹는 주식이며 종류는 5천 가지나 된다. 먼저 주요 빵의 종류부터 알아보자.

프랑스빵으로 유명한 프랑스에는 전통 빵부터 새로운 빵까지 종류가 다양하다.

- **팽 트라디시오넬** 전통적인 빵이라는 의미로 밀가루, 빵 효모(이스트), 소금, 물만으로 만든다. 막대기처럼 생긴 바게트가 대표적이며 길이나 굵기에 따라 파리지앵, 바타르 등 이름이 달라진다.

- **팽 드 캉파뉴** 시골 빵이라는 의미로, 집에서 만든 듯 예스럽고 소박한 빵이다.
- **크루아상** 버터를 파이 반죽처럼 반죽 사이에 끼워 넣어서 구워내는 빵이다. 1889년 파리 박람회 때 오스트리아 수도 빈의 제빵사가 출품했다.
- **브리오슈** 마리 앙투아네트가 프랑스로 시집왔을 때 전해졌다고 한다. 달걀과 버터가 듬뿍 들어가 부드럽고 맛이 진하다.

이탈리아는 스파게티와 마카로니 같은 파스타가 유명하지만 빵도 독자적인 종류가 있다.
- **포카치아** 올리브유를 넣은 반죽을 동그랗고 납작하게 구운 빵이다. 피자의 원형이라고도 불린다.
- **치아바타** 네모나고 납작하게 빚은 반죽을 구운 담백한 빵이다. 생햄이나 치즈 등의 재료를 끼워서 먹는다.

북쪽 나라인 독일에서는 밀 외에 **호밀을 사용한 빵**이 발달했다.
- **브로트** 대형 빵을 통틀어 부르는 명칭이다. 호밀로 만든 빵을 '로겐 브로트', 굵게 빻은 통밀가루를 섞어 만든 빵을 '바이젠 슈로트 브로트'라고 하는 등 사용하는 곡물의 배합에 따라 이름이 달라진다.
- **브레첼** 중세에는 빵 가게의 상징으로 처마 끝에 달려 있던 빵이다.

바삭한 식감과 짠맛이 맥주 안주로도 그만이다.

미국에서는 부드럽고 혀에 착 감기는 식빵이 주를 이루지만, 핫도그나 햄버거 등 속 재료를 끼워 먹기 위한 빵도 발달했다.

- **화이트 브레드(식빵)** 유럽의 단단한 빵과 달리 껍질이 얇고 속이 부드러운 빵이다.
- **롤, 번** 햄버거나 핫도그 등 요리를 끼워 먹기 위한 소형 빵이다.
- **베이글** 유대인들이 오래전부터 먹었다는 도넛 모양 빵이다. 반죽을 한 번 데친 다음에 구워서 식감이 쫄깃쫄깃하다.
- **잉글리시 머핀** 발상지는 영국이지만 미국에서 인기가 높다. 동글납작하게 생긴 빵으로 반죽에 수분이 많고 부드럽다.
- **도넛** 과자의 일종으로 여겨지기도 하지만 미국에서는 주식으로도 먹는다.

이외에 중국의 만터우(속이 들어가지 않은 찐빵-옮긴이)나 인도와 중동 국가에서 즐겨 먹는 납작한 난도 빵의 일종으로 볼 수 있다. 또 러시아에는 빵 반죽에 다진 고기 등의 속을 넣고 기름에 튀기거나 오븐에 구운 피로시키가 있다.

일본에서는 전 세계 빵을 다 먹을 수 있다는 말이 있을 만큼 다양한 빵이 매장에 진열되어 있다. 세계 각국의 독자적인 빵 외에도 빵에 속을 끼워 넣거나 빵 반죽으로 속 재료를 감싸서 구워낸 간식빵과 조리빵이 셀 수 없이 많다. 일본에서 독자적으로 발달한 빵으로는 쌀가루로 만든 쌀빵이 있다.

- **쌀빵** 밀가루 대신 쌀가루로 만든 빵이다. 밀가루와 쌀가루를 섞어 만든 빵과 100% 쌀가루로만 만든 빵이 있다. 밀 알레르기가 있는 사람에게 환영받는다.

- **플레인 빵** 식빵이 대표적이며 그 밖에 롤빵, 쿠페빵(핫도그 빵처럼 길고 납작하게 생긴 빵-옮긴이) 등 여러 종류가 있다.

- **간식빵** 단팥빵, 초코빵, 잼빵, 크림빵 등등 단것이라면 무엇이든 속에 넣는다. 멜론빵도 간식빵의 일종이다.

- **조리빵** 카레빵, 야키소바빵, 소시지빵, 호박빵 등 냉장고에 있는 반찬이 될 만한 재료라면 무엇이든 속에 넣는다.

- **사케만주** 일본의 전통 찐빵으로 이것도 빵의 일종이다. 원래 빵을 만들 때는 이스트(빵 효모)를 이용해 반죽에 기포가 생기게 하는데, 이스트 대신 술을 넣어서 술 속의 누룩과 효모를 이용해 반죽에 기포를 생성한다.

'빵과 서커스'라는 선심성 정책

빵은 주식인 만큼 국민에게 어떻게 공급할지가 옛날부터 정치의 큰 과제였다. 로마 제국에서는 사회 보장의 일환으로 로마 시민권자 중 빈곤층에게 빵의 원료인 곡물을 무상으로 배급했다. 게다가 검투사 경기나 전차 경주도 무료로 관람할 수 있게 했다. 이에 대해 당대 시인인 유베날리스는 '빵과 서커스'라고 풍자하며 시민을 정치에서 멀어지게 하는 행위라고 비판했다. 정치인의 선심성 정책은 어느 시대에나 있었던 모양이다.

한편 프랑스 혁명 때 마리 앙투아네트 왕비는 궁핍에 처한 민중들에게 "빵이 없으면 케이크를 먹으면 된다"고 말해서 분노를 샀다고 하는데, 이 이야기의 진위는 분명하지 않다.

면의 종류와 특징은?

편리함이 면의 큰 장점!

곡물을 주식으로 먹는 방식은 주로 3가지다. 하나는 밥처럼 곡물을 그대로 삶거나 쪄서 먹는 방식이다. 다른 2가지는 모두 곡물을 빻아서 가루로 가공한다.

그중 하나가 앞에서 소개한 빵이다. 빵은 곡물가루에 물과 효모를 넣고 반죽한 다음 알코올 발효가 진행되어 반죽에 이산화탄소 기포가 올라오면 구워서 만든다. 또 하나는 곡물가루에 물을 넣고 찰흙처럼 반죽한 다음 끈 모양으로 썰거나 가느다란 구멍으로 밀어내어 만든 **면**이다.

만드는 과정을 놓고 보면 빵이 가장 뛰어난 듯하지만, 빵 만들기의 핵심은 효모를 사용하는 것이다. 하지만 효모는 자연계에서 가장 흔한 세균 중 하나이므로 어쩌다 우연히 들어갔을 가능성이 얼마든지 있다. 또 밀가루 반죽이 효모가 생성하는 이산화탄소로 인해 기포가 생기면서 부풀어 오르려면 찰기를 내는 단백질(글루텐)이 꼭 필요하다. 그 조건을 충족하는 것이 밀가루다.

그런데 면은 **효모와 발효, 심지어 글루텐조차 필요 없다.** 이것이 빵과 큰 차이점이다. 어떤 곡물이든 빻아서 가루로 만든 다음 물을 섞어 반죽하면 찰흙처럼 빚어진다. 그것을 작은 덩어리로 만들면 소바가키(메밀가루 반죽을 둥글납작하게 빚어 삶은 음식-옮긴이), 슈페츨레(밀가루 반죽을 수제비처럼 작게 떼어내어 끓는 물에 삶은 파스타-옮긴이)가 되고, 가늘고 길게 만들면 면(소면, 스파게티)이 된다.

면은 곡물의 종류와 상관없이 간단히 만들 수 있고, 국물과 건더기를 요리조리 궁리하면 얼마든지 맛있게 요리할 수 있다. 아마도 이런 이유로 면 문화가 세계에 널리 퍼졌을 것이다.

'면'에 관해 구체적으로 알아보자. 면에는 갓 만들어 수분을 함유한 생면과 **생면**을 말린 **건면**이 있다. 면의 종류는 다음과 같다.

일본의 면부터 살펴보자. 일본인은 면 음식을 좋아해서 종류가 많은데, 면마다 폭과 두께의 규격이 정해져 있다.

- **기시멘** 밀가루로 만든 넓적한 면으로 폭은 4.5mm 이상, 두께는 2.0mm 미만이다. 일본 중서부 나고야 지역의 명물이다.

- **우동** 밀가루로 만든 면이다. 단면은 원형이나 정사각형이며 폭은 1.7~3.8mm, 두께는 1.0~0.8mm다.

- **히야무기** 가늘게 만든 우동 면으로 폭은 1.3~1.7mm, 두께는 1.0~0.7mm다.

- **소멘(소면)** 히야무기를 더 가늘게 만든 면으로 제조할 때 기름을 소량 사용한다. 폭과 두께 모두 1.3mm다.

- **소바(메밀면)** 메밀가루로 만든 면이다. 도정하지 않은 메밀을 제분한 '야부 소바'와 껍질을 벗겨서 제분한 '사라시나 소바'가 있다. 끊어짐을 방지하기 위해 밀가루를 10~20% 추가하기도 한다.

- **하루사메, 마로니** 녹두나 감자의 녹말로 만든 면으로 익히면 반투명해진다.

- **구즈키리** 칡뿌리의 녹말로 만든 면이다. 만들어서 바로 먹으므로 건면은 없다.

- **실곤약** 구약감자에서 채취한 곤약 가루로 만든 면으로 탄력이 강하다. 예전에는 대부분 반찬용으로 쓰였지만 최근에는 다이어트 열풍 덕분에 저칼로리에 정장 작용까지 있는 다이어트 식품으로 재조명받고 있다. 건면은 없다.

- **도코로텐(우무채)** 해조류인 우뭇가사리로 만든 면이다. 부드럽고 씹는 맛이 있다. 전통적으로는 초간장이나 산바이즈(설탕이나 미림, 간장, 식초를 1:1:1 비율로 섞은 양념장-옮긴이)와 함께 먹는다. 저칼로리여

서 곤약과 마찬가지로 다이어트 열풍을 타고 주식처럼 쓰이기도 한다. 건면은 없다.

중국의 면 종류는 다음과 같다.

- **중화면**　밀가루로 만든다. 반죽하는 물에 알칼리성인 간수(탄산나트륨 수용액)를 사용해 독특한 탄성과 풍미가 있고 노란색을 띤다.
- **미펀**　쌀가루로 만든 면이다.
- **훙몐**　수수 가루로 만든 면이다.

파스타의 나라 이탈리아에는 다양한 형태의 파스타가 있다.

- **스파게티**　밀가루로 만든 면이다. 가늘고 긴 끈 형태로 스파게티 요리에 사용한다.
- **마카로니**　밀가루로 만든 면이다. 5cm×1cm 정도 크기에 속이 빈 원통 모양이다. 샐러드 등에 사용한다.
- **라자냐**　밀가루로 만든 면으로 얇고 넓적한 판 모양이다. 미트소스와 치즈를 층층이 겹쳐 넣어 오븐에 구워 먹는다.

그 밖에 다른 나라에도 여러 가지 면이 있다.

- **슈페츨레**　독일어로 참새라는 뜻이다. 밀가루, 달걀, 소금 등을 넣고 묽게 갠 반죽을 조금씩 떼어내어 뜨거운 물에 삶는다. 소스에 버무

려 먹거나 사이드 메뉴로 먹는다.

- **냉면** 감자녹말로 만든 한국의 면이다. 탄력이 강하다.

- **팟타이** 쌀가루로 만든 면이며 주로 태국에서 먹는다.

- **퍼(Pho)** 쌀가루로 만든 베트남의 면이다. 일본의 기시멘과 비슷하게 생겼지만 만드는 방법은 상당히 다르다. 먼저 물에 불린 쌀을 빻아서 풀처럼 갠 다음, 달군 금속판 위에 얇게 뿌리고 살짝 굳으면 잘라서 면 형태로 만든다.

- **라그만** 중앙아시아 전역에서 먹는 면이다. 밀가루에 소금물을 넣은 반죽을 숙성시킨 후에 다시 반죽하여 찰기가 생기면 양손으로 길게 늘여 만드는데, 만드는 방식이 일본의 소멘과 비슷하다. 삶아서 소고기 육수에 양고기, 채소, 고추 등의 고명을 얹어 먹는다.

53

박력분? 중력분? 강력분?

밀가루는 종류가 얼마나 될까?

밀가루는 밀 씨앗을 빻아서 제분한 것이다. 5장에서 살펴보았듯 밀가루(박력분)는 100g당 367kcal의 에너지를 낸다. 탄수화물의 양은 75.8g으로 그중 식이섬유가 2.5g이고 나머지는 녹말이다. 지방은 1.5g으로 그중 0.34g이 포화 지방산이고 나머지 1.2g 정도가 불포화 지방산이다. 단백질은 8.3g이 함유되어 있으며 단백질의 종류는 글리아딘과 글루테닌이다. 이 단백질들은 물을 흡수하면 찰기가 있는 **글루텐**으로 변해 밀가루의 성질에 크게 영향을 준다.

밀가루 중에서 껍질과 배아를 분리하지 않고 통째로 제분한 것을 **전립분**, 껍질과 배아를 체로 쳐서 걸러낸 것을 **정제분**이라고 한다. 그레이엄 밀가루는 전립분의 일종으로 일반 전립분보다 굵게 빻아서 체로 거르지 않은 가루를 말한다. 그래서 그레이엄 밀가루로 만든 빵은 전립분으로 만든 빵보다 식감이 더 거칠다.

밀가루에는 단백질(글루텐)이 함유되어 있다. 그리고 밀가루의 종류는 **박력분, 중력분, 강력분 3가지가 있으며 글루텐양에 따라 구분**된다. 글루텐의 양은 밀의 품종 외에 개화기와 수확기에 비가 오는지 안 오는지에 따라서도 달라진다. 개화기와 수확기에 비가 많이 내리면 밀이 글루텐을 형성하기 어려워지기 때문이다.

박력분은 단백질 비율이 8.5% 이하인 밀가루로 케이크 등의 과자류, 튀김 등에 쓰인다. 주로 미국산 연질밀로 만든다. **중력분은 단백질 비율이 9% 전**

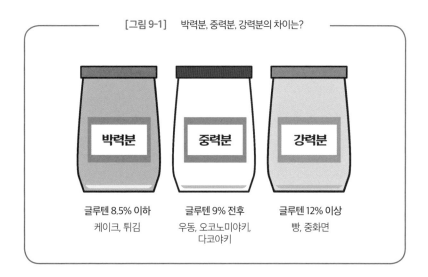

[그림 9-1]　박력분, 중력분, 강력분의 차이는?

박력분
글루텐 8.5% 이하
케이크, 튀김

중력분
글루텐 9% 전후
우동, 오코노미야키,
다코야키

강력분
글루텐 12% 이상
빵, 중화면

후인 밀가루로 우동, 오코노미야키, 다코야키 등에 널리 쓰인다.

강력분과 박력분을 섞으면 중력분이 될 것 같지만, 그렇게 만든 가루는 본래의 중력분과 가공 특성이 약간 다르다. 전문가가 사용할 경우 주의해야 한다.

강력분은 단백질의 비율이 12% 이상인 밀가루로 빵, 중화면, 일본의 학교 급식에서 나오는 소프트면(일본에서 학교 급식용으로 삶아도 잘 퍼지지 않게 개발된 면-옮긴이) 등에 사용된다. 주로 미국산이나 캐나다산 경질밀(제빵용 밀)로 만든다. 구우면 단단해지므로 과자류에는 적합하지 않다.

단백질 함량이 적을수록 제품을 섬세하게 마무리할 있따. 그래서 단백질 함량을 한층 더 줄인 제과용 박력분으로 생산되어 판매되는 상품도 있다.

칡가루, 얼레짓가루, 밀 녹말이란?

일본에는 옛날부터 전해 내려오는 전통적인 가루가 있다. 몇 가지를 살펴보자.

구즈키리(칡가루로 만든 면을 시럽에 찍어 먹는 디저트-옮긴이)는 칡가루로 만든다. 덩굴성 식물인 칡은 길이가 10m에 달하며, 땅 밑에 길이 1.5m, 두께 20cm나 되는 거대한 뿌리덩이를 만들어 녹말을 저장한다. 이 뿌리덩이를 캐내어 부순 다음 물에 담가 녹말이 빠져나오게 한다. 이 용액을 그대로 두어 그릇 밑바닥에 녹말이 가라앉으면 윗부분의 맑은 물을 버린다. 여기에 물을 더 부어서 잘 섞은 다음 그대로 두고, 침전물을 물에 개어 또 그대로 두고, 다시 침전시키고…, 이런 작업을 여러 차례 반복하면 마침내 순백색 칡가루를 얻을 수 있다.

칡가루와 함께 유명한 것이 얼레짓가루다. 과자, 다쓰타아게(밀가루가 아닌 녹말가루로 튀김옷을 입힌 튀김-옮긴이), 중국식 수프 등에 널리 사용된다. 얼레짓가루는 원래 시클라멘처럼 아름다운 꽃을 피우는 얼레지의 뿌리줄기에서 채취하는 녹말인데, 양이 아주 적어서 가격이 상당히 비싸다. 현재는 전혀 없다고 봐도 좋다.

폭신하고 쫄깃한 식감이 특징인 와라비모치는 원래 고사리의 뿌리줄기에서 채취한 고사리 가루로 만든 떡이다.

구즈모치

구약감자

(계속)

곤약은 구약감자라는 감자로 만든다. 구약감자는 봄에 씨앗을 뿌린 후 가을에 작은 감자를 캐내고, 이듬해 봄에 그 감자를 다시 심어서 키운 다음 가을에 캐내고…, 이런 작업을 3년에 걸쳐 반복해서 키운다고 한다. 이렇게 키운 감자에서 채취한 가루가 곤약 가루로 판매된다. 곤약 가루를 사용하면 집에서도 쉽게 수제 곤약을 맛볼 수 있디.

그 밖에 일본에서 전통적으로 사용되는 밀가루로 밀 녹말이 있다. 성분은 녹말뿐이므로 얼레짓가루와 비슷하다. 주로 아카시야키(달걀에 물, 밀가루, 밀가루 녹말, 문어를 넣고 동그란 틀에 구운 음식-옮긴이), 화과자, 만두피가 투명한 홍콩식 새우 딤섬 등에 사용된다.

구즈모치(葛餅)는 보통 칡가루로 만든 떡을 말하지만, 도쿄의 구즈모치(久寿餅)는 밀 녹말로 만든 전혀 다른 음식이다.

제 9 장 빵과 면을 글루텐이라는 관점에서 살펴보자!

54

빵은 어떻게 만들까?

빵은 밀이 아닌 다른 곡물로도 만들 수 있다

빵은 기본적으로 밀가루나 호밀 가루 같은 곡물가루에 물, 소금, 효모 등을 섞은 반죽을 가열해서 만든다. 밀가루로 빵 만드는 방법을 알아보자. 먼저 강력분에 물과 이스트(효모)를 넣고 반죽한다. 효모가 활발하게 활동할 수 있도록 설탕을 소량 추가하기도 한다. 또 이스트 대신 발효종이나 베이킹파우더를 사용하기도 한다.

이 반죽을 몇 시간 동안 알코올 발효시킨다. 발효 과정에서 발생한 이산화탄소가 빵 반죽을 잘 부풀렸으면 반죽을 적당한 크기로 잘라 모양을 잡아준 후 오븐에 넣고 굽는다.

효모는 미생물의 일종이다. 어디에나 있는 균이지만 빵을 만들 때는 당밀 등을 이용해 배양한 종류를 쓴다. 발효종은 곡물이나 과일 등에 붙어 있는 효모뿐 아니라 다른 여러 종류의 미생물을 함께 이용해서 만든 액상 또는 반죽 형태의 효모를 말한다. 발효종에는 유산균이나 누룩 같은 미생물이 들어 있어서 유산 발효하면 빵에 신맛이 더해진다.

또 발효시키지 않고 탄산수소나트륨($NaHCO_3$)이나 주성분이 탄산수소나트륨인 베이킹파우더 같은 화학 팽창제의 분해 반응을 이용해 이산화탄소를 발생시키는 방법도 있다.

$$2NaHCO_3 \longrightarrow CO_2 + H_2O + Na_2CO_3$$

소금은 맛을 조절하는 역할 외에도 효모의 활동을 늦추거나 잡균의 활동을 억제하거나 글루텐을 단단하게 하는 등의 기능을 한다. **물은 미네랄 성분이 많은 경수보다 미네랄 성분이 적은 연수가 빵을 더 쉽게 부풀린다**고 한다. 익힐 때는 열이 골고루 미치도록 오븐에서 굽는 방식이 전형적이지만, 빵의 종류에 따라 반죽을 평평하게 펴서 오븐 벽에 붙여 굽거나(플랫브레드, 인도나 중동의 난 등) 찌거나(찐빵 등) 튀기기도(도넛이나 피로시키) 한다.

밀 이외에 보리나 호밀 등으로 빵을 만들 때는 글루텐이 형성되지 않으므로 반죽을 발효시켜도 충분히 부풀지 않아서 빵이 단단하고 무거워진다. 특히 호밀은 글루텐이 없어서 효모로 부풀릴 수 없다. 그래서 유산균을 주체로 한 발효종인 사워도를 이용해 부풀린다. 그 결과 밀가루에 비해 잘 부풀어 오르지 않아 빵이 묵직해지지만 독특한 신맛과 풍미가 더해진다.

그 밖에 옥수숫가루로 만든 멕시코의 **토르티야**나 카사바 가루로 만든 브라질의 팡 지 케이주처럼 세계 각지에서 여러 독자적인 재료로 빵을 만든다.

일본에서는 최근 들어 쌀 소비를 촉진하려는 움직임과 빵 제조 기술의 발전 덕분에 쌀가루로 만든 쌀빵이 늘어나고 있다. 쌀가루에는 글루텐이 없어서 잘 부풀어 오르지 않는다. 그래서 초창기 쌀빵은 밀가루와 쌀가루를 혼합해 만들었다. 하지만 쌀가루를 가열해서 호화시킨 호화 쌀가루를 이용해 100% 쌀가루만으로 빵을 만드는 데 성공했다고 한다. 밀 알레르기가 있는 사람에게는 반가운 소식이다.

덩이줄기채소, 콩류 등도 녹말은 풍부하지만 글루텐이 들어 있지 않아 점성이 부족하므로 빵을 만들 수 없다. 하지만 쌀빵의 성공 사례를 주춧돌 삼아 앞으로 감자빵, 고구마빵, 그린피스빵, 옥수수빵, 호박빵 등 흥미로운 빵이 잇달아 개발될 가능성이 있다.

팬케이크와 알루미늄

팬케이크(핫케이크)는 밀가루에 달걀, 우유, 설탕, 베이킹파우더 등을 넣고 구운 스펀지처럼 말랑말랑한 빵에 버터나 메이플시럽을 발라 먹는 음식이다. 시중에 판매되는 팬케이크 믹스를 사용하면 집에서도 간단하게 구울 수 있다.

한때 일본에서는 이 가루에 알루미늄이 들어 있다고 해서 화제가 된 적이 있다. 그래서 '가루 속에 알루미늄 포일 같은 게 섞여 들어갔나?' 하고 생각한 사람도 있었던 모양인데, 설마 그럴 리는 없다. 알루미늄이 함유된 어떤 분자가 섞여 있었던 것이다.

믹스 가루의 원재료 표기란에는 '명반 혼합'이라고 적혀 있었다. 명반의 화학식은 $KAl(SO_4)_2$이고 여기서 Al이 알루미늄이다. 이런 물질이 들어 있는 이유는 베이킹파우더 때문이다. 베이킹파우더의 주성분은 탄산수소나트륨($NaHCO_3$)인데, 이것을 열분해하면 탄산가스(CO_2), 물(H_2O)과 함께 탄산나트륨(Na_2CO_3)이 발생한다.

$$2NaHCO_3 \longrightarrow CO_2 + H_2O + Na_2CO_3$$

그런데 탄산나트륨은 라멘의 면을 만들 때 사용하는 간수에 들어 있는 성분이다. 간수를 섞으면 반죽이 노란색을 띠고 독특한 냄새가 난다. 하지만 명반을 섞으면 탄산수소나트륨의 반응은 아래 식과 같이 되어 탄산나트륨이 발생하지 않는다.

$$4NaHCO_3 + KAl(SO_4)_2 \longrightarrow 2Na_2SO_4 + 4CO_2 + KOH + Al(OH)_3$$

명반은 많은 식품에 식품 첨가물로 들어가므로 팬케이크 믹스에 들어 있어도 문제는 없겠지만 신경 쓰이는 사람은 신경이 쓰일 수밖에 없다. 그래서 현재는 명반이 들어 있지 않은 팬케이크 믹스도 판매되므로 신경 쓰이는 사람은 그런 제품을 사용하면 된다.

55

면류는 어떻게 만들까?

우동과 소바 면을 만들어보자!

면류를 만드는 방법을 알아보자. 보통 면류는 밀가루 등의 곡물가루에 물을 섞어 반죽한 다음 다음과 같은 형태로 만든다.

① 반죽을 넓게 펴서 가늘고 길게 자른다(기시멘, 우동 등)

② 반죽을 꼬아서 가늘고 길게 만든다(소멘 등)

③ 반죽을 구멍이 뚫린 도구에 넣어 구멍으로 밀어낸다(스파게티 등)

④ 반죽을 큰 덩어리로 만들어 칼 같은 도구로 깎는다(도삭면)

우동과 소바를 바탕으로 면 만드는 방법을 자세히 알아보자.

우동 만드는 법

우동 면의 재료인 밀가루에는 글루테닌과 글리아딘이라는 2가지 단백질이 주로 함유되어 있다. 글루테닌은 당겨서 늘리는 데 강한 힘이 필요하지만, 반대로 글리아딘은 부드럽게 잘 늘어나서 제각기 상반된 성질을 갖고 있다.

여기에 물을 밀가루 양의 2배만큼 넣으면 글루테닌과 글리아딘이 물 분자를 사이에 두고 결합하여 글루텐이라고 불리는 복합 단백질이 된다. 우동은 이 글루텐 덕분에 식어도 면의 형태가 탱글탱글하게 유지되는 것이다.

우동은 씹는 식감이 중요하다. 좀 더 자세히 말하자면 면을 씹었을 때 단단하다는 느낌과는 다른 탱탱한 저항감, 요컨대 쫄깃하면서 탄력 있게 씹히는 맛이 중요하다. **씹는 식감을 내는 데는 글루텐이 중요한 역할**을 한다. 글루텐이 그물망처럼 얽히면서 반죽이 조각나지 않고 껌처럼 늘어나기 때문에 씹는 식감이 생긴다. 소금을 넣으면 글루텐 조직이 더욱 탄탄해지고 점성과 탄력성도 한층 강해진다. 밀가루에 소금과 물을 넣고 오래 치댈수록 단백질이 엉기면서 글루텐이 충분히 형성되어 씹는 식감도 좋아진다.

그러나 밀가루에 물과 소금을 넣어 반죽한다고 다 우동이 되는 것은 아니다. **우동 반죽을 우동으로 만들려면 반죽을 잠시 재워 숙성**시켜야 한다. '숙성' 과정을 거쳐야 우동에 탄력과 찰기, 그리고 씹는 식감이 살아난다. 또 그 시간 동안 밀가루 입자에 수분이 골고루 퍼지기도 한다. 숙성에 필요한 시간은 보통 2~3시간 정도다. 너무 오래 재워 두면 발효가 시작되어 분해 효소가 작용하면서 반죽이 잘 끊어지게 된다.

소바 만드는 법

메밀가루를 물에 개서 원반 모양으로 빚은 것을 **소바가키**, 가늘고 길게 썰어낸 면을 **소바키리**라고 한다. 메밀가루는 물에 풀어 반죽해도 점성이 낮아서 잘 뭉쳐지지 않는다. 그래서 메밀가루에는 **결착제**를 넣는다. 물론 100% 메밀가루만으로 면을 만들 수도 있는데, 이것을 **주와리소바**라고 한다. 또 메밀가루 함유량이 90%인 면을 규와리소바, 80%인 면을 니하치소바라고 한다.

보통 결착제로는 밀가루, 특히 글루텐이 어느 정도 들어 있는 중력분을 사용한다. 참마나 달걀도 많이 사용하지만 우엉잎처럼 섬유질이 많은 잎을 사용하기도 한다. 일본 중북부 니가타 지역의 명물인 헤기소바는 특이하게도 해초인 청각채를 결착제로 사용한다. 헤기란 옛날에 생선을 얹는 데 사용하던 얇은 상자를 말한다. 손님에게 낼 때 자루(소쿠리라는 뜻. 소쿠리에 담긴 소바를 자루소바라고 한다-옮긴이)가 아니라 헤기에 담는다고 해서 붙여진 이름이다.

우동을 삶을 때는 소금을 넣지만 소바를 삶을 때는 넣지 않는다. 그래서 소바를 삶은 물은 식후에 '소바유(한국의 숭늉 같은 느낌으로 먹는다-옮간이)'로 마실 수 있다. 소바유에는 소바에서 녹아 나온 비타민 등이 들어 있다. 그러나 우동을 삶은 물은 소금이 녹아 있어 짜기 때문에 마실 수 없다.

이번에는 우동과 소바 이외에 일본 가정에서 자주 먹는 면류의 만드는 방법을 알아보자.

구즈키리는 칡가루로 만든다. 칡가루에 칡가루 양의 25% 정도 물을 붓고 뭉치지 않게 골고루 섞는다. 이 액체를 깊이가 얕은 금속 재질 용기에 약 5mm 높이만큼 붓고 90℃에서 용기째 중탕한다.

액체 표면이 마르면서 굳어지면 뜨거운 물 안으로 용기째 가라앉힌다. 액체 부분이 다시 투명해지면 꺼내서 차가운 물에 담그고 용기에서 액체 부분(굳어서 고체가 되어 있다)을 빼낸다. 나고야의 명물인 기시멘처럼 가늘고 넓적하게 썰어서 그릇에 담고 구로미쓰(흑설탕을 조린 시럽-옮긴이)를 뿌리면 완성이다.

하루사메와 마로니는 구즈키리와 비슷한 방식으로 얼레짓가루를 이용해 만든다. 완성된 면을 말리면 하루사메나 마로니가 된다. 미펀도 이와 같은 방식으로 쌀가루를 이용해 만든다.

하루사메 중에는 냉동 방식으로 만든 제품도 있다. 완성된 면을 건조하지 않고 냉동해서 수분을 얼렸다가 다시 해동하는 방식으로 만드는데, 뒤에서 살펴볼 고야두부와 동일한 과정을 거치는 동안 면발에 작은 구멍이 촘촘하게 생겨서 맛이 속까지 깊이 배어든다.

우동 삶는 법

우동을 뜨거운 물에 넣고 삶는다. 당연히 우동 표면이 먼저 뜨거워지고 부드러워진다. 그러다가 표면의 녹말이 녹아서 거품이 난다. 하지만 면발이 굵다 보니 안쪽은 아직 덜 익은 상태다. 이때 찬물을 더 부어 준다. 이른바 '덧물'이다. 냄비에 찬물을 더 넣으면 끓는 물의 온도가 낮아져 면의 표면에서 녹말이 녹아 나오지 않으므로 거품이 가라앉는다. 하지만 열기는 서서히 내부로 전달되어 속까지 익는다.

다 익으면 우동을 찬물에 담근다. 이른바 '조이기'다. 여기에는 2가지 의미가 있다. 하나는 덧물과 같은 원리다. 우동을 어떤 식으로 삶든 표면이 먼저 뜨거워지고 부드러워진다. 그런데 찬물에 담그면 표면의 열은 가라앉지만 내부는 여전히 열이 전달되어 계속 부드러워진다.

또 하나는 반죽할 때 뿌린 밀가루를 제거다. 우동은 반죽을 자를 때 면발끼리 들러붙지 않도록 밀가루를 뿌린다. 그 가루가 우동을 삶은 후에도 표면에 남아 목 넘김을 거칠게 한다. 그래서 찬물에 담가 가루를 씻어내는 것이다.

그런데 이런 번거로운 과정을 거치지 않고 1시간 내내 삶는 우동이 있다. 일본 중서부 이세 지역에서 먹는 이세 우동이다. 다 삶아지면 지름이 1cm나 되는 두툼한 우동으로, 단백질이 적은 밀가루를 쓴다는 점 말고는 특별히 다른 비법도 없다. 1시간이나 푹 삶은 우동은 속까지 흐물흐물해져서 쫄깃하지도 탱탱하지도 않다. '사누키 우동(면발이 탱탱하고 쫄깃하기로 유명한 우동-옮긴이)이야말로 진정한 우동이다!'라고 생각하는 사람에게는 김빠진 사이다 같은 우동일 것이다.

이 우동은 달콤한 간장을 묻혀서 먹는다. 건더기는 없다. 오로지 우동과 간장뿐이다. 옛날에는 상점의 도제들이 먹었다고 한다. 이세 신궁(일본 3대 신궁 중 하나-옮긴이)을 방문하게 된다면 꼭 먹어 보길 권한다.

빵과 면의 영양가는?

원재료의 영양가와 다르지 않다

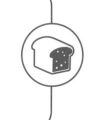

빵과 면의 영양가를 〈그림 9-2〉로 정리했다. 빵과 면 모두 원료인 곡물을 가루로 만들어 가열했을 뿐이므로 영양가는 원료인 곡물의 영양가와 다르지 않다. 따라서 **우동(건면)은 박력분, 중화면(건면)은 중력분, 파스타(건면)는 강력분의 영양가**를 그대로 이어받았다. 그 결과 우동보다 파스타에 단백질이 더 많이 들어 있다. 빵으로 만든 빵가루는 강력분과 영양가가 비슷하다. 칼로리와 탄수화물의 양이 적은 이유는 수분량이 늘어났기 때문이다.

[그림 9-2] 　빵, 면류의 영양가

100g당

	칼로리 kcal	수분 g	단백질 g	총지방 g	포화 지방산 g	콜레 스테롤 mg	탄수 화물 g	식이 섬유 g	식염 상당량 g
우동(건면)	348	13.5	8.5	1.1	(0.25)	(0)	71.9	2.4	4.3
중화면(건면)	365	13.0	10.5	1.6	0.37	(0)	73.1	2.9	1.3
파스타(건면)	378	11.3	12.9	1.8	0.39	(0)	73.1	5.4	0
소바(건면)	344	14.0	14.0	2.3	(0.49)	(0)	69.6	4.3	0
박력분	367	14.0	8.3	1.5	0.34	(0)	75.8	2.5	0
중력분	367	14.0	9.0	1.6	0.36	(0)	75.1	2.8	0
강력분	365	14.5	11.8	1.5	0.35	(0)	71.7	2.7	0
빵가루(생것)	280	35.0	11.0	5.1	2.20	(0)	47.6	3.0	0.9
식빵	260	38.8	9.0	4.2	(1.83)	(0)	46.6	2.3	1.2

(수치): 추산치, (0): 문헌 등을 바탕으로 함유되어 있지 않다고 추정
일본 식품표준성분표(제7개정판)에서

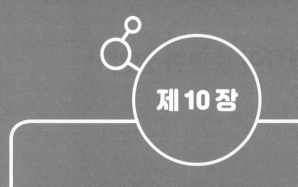

제 10 장

과자와 기호 음료, 식사를 더 빛나게 한다

57

화과자의 종류와 영양가

쌀, 팥 등 식물성 원료가 재료의 기본

일본의 전통 과자를 화과자라고 한다. 화과자는 전통이 오래된 만큼 종류도 대단히 많다. 만드는 방식을 기준으로 화과자를 분류해보자.

생과자

수분이 함유된 과자를 생과자라고 한다.

- **떡 과자** 찹쌀이나 멥쌀, 쌀가루로 만든 떡을 바탕으로 하는 과자다. 모치, 오하기, 다이후쿠, 단고 등이 있다.
- **찐 과자** 쌀가루 등의 가루, 물, 설탕으로 만든 반죽을 찌거나 찐 반죽을 이용해 만든 과자다. 만주, 찐 양갱, 찐 카스텔라, 우이로 등이

있다.

- **빚은 과자** 팥소와 찹쌀가루 등에 설탕이나 물엿 등을 섞은 반죽을 빚어서 만든 과자다. 네리키리, 규히 등이 있다.
- **구운 과자** 반죽을 구워서 만든 과자다. 이마가와야키, 다이야키, 도라야키 등이 있다. 그 밖에 카스테라, 센베이 등도 포함된다.
- **굳힌 과자** 한천과 팥소 등의 주재료로 만든 묽은 반죽을 틀에 부어 굳힌 과자다. 양갱, 긴교쿠칸 등이 있다.

반건조 과자

생과자보다 수분이 적게 함유된 과자다.

- **팥소 과자** 팥소로 만든 과자다. 모나카, 가노코모치 등이 있다. 가노코모치의 '가노코(새끼 사슴이라는 뜻-옮긴이)'는 강낭콩 알갱이가 촘촘히 박혀 있는 모양이 마치 사슴 등에 있는 얼룩무늬를 연상시킨다고 해서 붙여진 이름이다.
- **조합형 과자** 떡 과자, 구운 과자, 빚은 과자 등 다른 제조법으로 만든 반죽을 조합해서 만든 과자다. 모나카, 가노코모치 등이 있다.

건과자

곡물가루와 설탕을 섞어서 만든 과자다. 제조하는 과정에서 수분을 넣지 않는다.

- **틀에 굳힌 과자** 미진분 등의 가루에 설탕, 꿀 등을 넣어 반죽한 후 나무틀에 넣어 굳힌 과자다. 라쿠간, 히가시 등이 있다.
- **버무린 과자** 볶은 콩 등의 재료에 설탕액 등을 버무려 굳힌 과자다. 오코시, 부드럽고 맛있는 콩가루를 묻힌 일본 중부 사이타마현의 전통 화과자인 고카보 등이 있다.
- **튀긴 과자** 기름에 튀긴 과자다. 가린토, 팥도넛 등이 있다.
- **사탕 과자** 설탕, 물엿 등을 조린 후 차갑게 식혀 굳힌 과자다. 눈깔사탕, 설탕과 조청으로 만든 아루헤이토 등이 있다.

화과자의 주재료는 쌀가루와 팥소다. 그 밖에 단맛을 내는 용도로 쓰는 설탕이나 조청은 맛을 조절하는 보조 역할이다. 쌀가루는 찹쌀로 만든 것과 멥쌀(일반 쌀)로 만든 2종류가 있다. 각 쌀가루의 종류를 살펴보자.

찹쌀로 만든 가루

찹쌀가루, 백옥분, 도묘지분, 신비키분, 미진분은 모두 찹쌀로 만든 가루지만 저마다 이름이 다르다. 전부 찰기가 많은 찹쌀의 특징을 살리는 용도로 쓰이는데 어떻게 다른 걸까?

- **찹쌀가루**(餅粉) 규히분(求肥粉)이라고도 한다. 찹쌀에 물을 섞지 않고 생것 그대로 빻은 가루다. 떡 과자류나 규히, 단고(상신분과 섞어 쓴다) 등에 사용한다.

- **백옥분**(白玉粉) 간자라시분(寒晒し粉)이라고도 한다. 찹쌀에 물을 섞으면서 으깬 후 건조시킨 가루다. 이것도 규히나 시라타마단고의 재료로 쓰인다.
- **도묘지분**(道明寺粉) 쪄서 말린 찹쌀을 굵게 빻은 가루다. 사쿠라모치나 미조레칸의 재료로 쓰인다.
- **신인분**(新引粉) 잘게 부순 찹쌀을 구운 가루다. 라쿠간의 재료로 쓰인다.
- **미심분**(味甚粉) 한매분(寒梅粉)이라고도 한다. 찹쌀을 쪄서 떡을 구운 다음 빻은 가루다. 각종 반죽을 점착시키는 재료 등으로 쓰인다.

멥쌀로 만든 가루

- **신분**(新粉) 생멥쌀을 그대로 제분한 가루로 입자 크기에 따라 이름이 다르다. **신분이 가장 입자가 굵고, 상신분(上新粉)이 그다음, 상용분(上用粉)이 입자가 가장 곱다.** 상신분은 구사모치나 가시와모치의 재료로 쓰이고, 상용분은 우이로나 참마를 섞어 만든 쇼요만주 등의 재료로 쓰인다.

쌀 이외의 원료로 만든 가루

- **칡가루** 앞에서 살펴보았듯 칡뿌리의 녹말이다. 여름에 즐겨 먹는 디저트인 구즈키리로 유명하다.

- **얼레짓가루** 원래는 얼레지 뿌리에서 채취한 녹말이지만 지금은 감자녹말로 만든다. 건과자의 재료로 쓰인다.
- **콩가루** 볶은 콩을 갈아서 만든 가루다. 일반적인 콩가루 외에 청대콩이라는 특수한 콩으로 만든 '청대콩가루'도 있다.
- **고사리 가루** 고사리 뿌리에서 채취한 녹말이다. 와라비모치의 재료로 쓰인다.
- **미숫가루** 볶은 밀을 갈아서 만든 가루다. 아이들은 설탕을 섞어서 그대로 핥아먹기도 한다.

화과자에 팥소는 빼놓을 수 없는 재료다. 팥소에도 여러 종류가 있다. 팥소는 어떤 원료로 어떻게 만들까?

원재료에 따른 차이

먼저 원재료의 차이부터 살펴보자.

- **팥소** 팥을 사용해 만든다. **붉은색을 띠는 가장 일반적인 팥소**다.
- **흰 팥소** 흰 강낭콩, 흰 제비콩 등 '흰색 콩'으로 만든 팥소다. 색을 입혀 네리키리의 재료 등으로 쓰기도 한다. 다양한 화과자의 기본 재료다.
- **우구이스 팥소** 완두콩(그린피스)으로 만든 팥소다.
- **즌다 팥소** 풋콩을 으깬 후 설탕을 섞은 팥소를 말한다. 일본 동북부

지방의 특산품이다. 연두색과 풋콩 특유의 향이 특색이며 즌다모치 등의 재료로 쓰인다.

제조법에 따른 차이

같은 재료로 만들어도 제조법에 따라 다른 팥소가 된다.

- **통 팥소**　팥소의 원형으로 알갱이를 남긴 팥소다.
- **으깬 팥소**　삶은 팥을 으깨지만 껍질은 제거하지 않은 팥소다.
- **거른 팥소**　사라시 팥소라고도 한다. 팥을 으깬 후 체에 걸러 껍질을 제거한 팥소다.
- **오구라 팥소**　으깬 팥소나 거른 팥소에 꿀에 절인 다이나곤팥(알이 굵은 팥 품종-옮긴이)을 섞은 것이다.

─────────── [그림 10-1] 화과자의 영양가 ───────────

100g당

	칼로리 kcal	수분 g	단백질 g	총지방 g	포화 지방산 g	콜레 스테롤 mg	탄수 화물 g	식이 섬유 g	식염 상당량 g
네리키리	264	34.0	5.3	0.3	(0.04)	0	60.1	3.6	0
양갱	296	26.0	3.6	0.2	(0.02)	0	40.0	2.2	0
라쿠간	389	13.0	2.4	0.2	(0.06)	0	94.3	0.2	0
가와라 센베이	398	4.3	7.5	3.5	(0.92)	110	84.0	1.1	0.3

(수치): 추산치
일본 식품표준성분표(제7개정판)에서

화과자의 영양가를 〈그림 10-1〉에 정리했다. 대부분 수치는 원재료인 곡물과 크게 다르지 않다. 라쿠간은 설탕이 들어가서 칼로리가 높은 편이지만 네리키리와 양갱은 칼로리가 그렇게 높지 않다. 화과자는 대체로 저지방 식품이라고 할 수 있다.

화과자 = 쌀과 콩으로 만든 과자

화과자의 특색은 원재료로 식물만 사용한다는 점이다. 식물이라고 해도 전통 화과자에서 사용하는 식물 종류는 한정되어 있다. 원재료 대부분은 팥 등의 콩류와 쌀뿐이다. 다이야키, 다코야키, 가린토 등은 밀가루로 만들지만 이런 종류는 전통 화과자가 아니다. 칡가루, 얼레짓가루, 고사리 가루 등도 사용하지만 화과자 중에는 극히 일부다. 조릿대 잎, 벚꽃 잎, 떡갈나무 잎, 우엉 꿀 절임 등도 사용하지만 역시 예외적인 종류다.

제 10 장 과자와 기호 음료, 식사를 더 빛나게 한다

58

양과자의 종류와 영양가

동물성 원료로 만들어 칼로리가 높다

과일이 듬뿍 들어간 데다 생김새도 예쁜 양과자는 종류가 상당히 많다. 다음을 보자.

생과자

케이크의 본바탕인 스펀지나 빵 부분을 제외하고 가열 가공하지 않은 케이크를 '생과자'라고 한다.

- **스펀지케이크류** 밀가루와 달걀을 반죽해 구운 스펀지케이크를 토대로 만든 케이크를 말하며 기본적인 양과자다. 스펀지케이크가 부풀어 오르는 이유는 거품을 낸 달걀을 사용해 만들기 때문이다. 반죽

을 구우면 거품 속의 공기가 팽창해 기포가 되면서 스펀지처럼 부풀어 오르는 것이다. 스펀지케이크는 표면을 크림이나 과일 등으로 장식하는 경우가 많다. 쇼트케이크, 롤케이크, 데커레이션케이크 등이 있다.

- **버터케이크류** 반죽에 버터를 넣은 케이크다. 밀가루, 버터, 설탕을 같은 비율로 사용한 파운드케이크, 건과일을 섞은 과일 케이크, 치즈를 섞은 치즈케이크 등이 있다.

- **슈케이크류** 속이 빈 구운 과자 안에 크림 등을 채워 넣은 케이크다. 슈크림의 껍질(슈)이 부풀어 오르는 비밀은 반죽을 익히는 데 있다. 익히면서 반죽에 찰기가 생겨 내부에서 생긴 수증기를 가둬둔다. 그로 인해 껍질이 부풀어 오르면서 내부가 비는 것이다. 슈크림, 에클레르 등이 있다.

- **푀이타주류** 푀이타주, 즉 버터를 감싼 밀가루 반죽을 여러 번 접어 밀어 구운 파이를 이용해 만든 과자다. 이 반죽을 오븐에 구우면 버터가 녹아 반죽에 스며들고, 빈 곳에서 물이 기화해 부풀어 오르면 공간이 더 많이 생겨 바삭한 파이가 된다. 대표적인 푀이타주로는 밀푀유, 애플파이 등이 있다.

- **와플류** 밀가루, 달걀, 버터, 우유, 설탕, 이스트 등을 섞어 발효시킨 반죽을 격자무늬가 새겨진 와플 팬의 틀 사이에 끼워 구운 과자다. 벨기에 와플이 유명하다.

- **발효과자류** 빵처럼 반죽을 이스트로 발효시켜 만든 케이크다. 데니시 페이스트리, 럼주를 스며들게 해서 만든 사바랭 등이 있다.
- **디저트과자** 푸딩, 바바루아, 무스, 젤리 등이 있다.
- **요리과자류** 피자파이, 미트파이 등이 있다.
- **아이스크림** 크림, 설탕, 달걀을 섞어서 얼린 과자다. 또한 당류에 과즙을 넣거나 신맛을 추가한 아이스크림은 따로 셔벗이라고 부르기도 한다.

건과자

기본적으로 수분을 함유하지 않은 과자다.

- **캔디류** 드롭스, 캐러멜 등이 있다.
- **초콜릿류** 각종 초콜릿이다.
- **비스킷류** 비스킷, 건빵, 크래커 등이 있다. 비스킷은 원래 2번 구운 빵을 의미한다.
- **스낵류** 포테이토 칩, 팝콘 등이 있다.

양과자의 영양가를 〈그림 10-2〉로 정리했다. 젤리를 제외하면 고칼로리인 점이 눈에 띈다. 지방과 포화 지방산 모두 상당히 많은 편이다. 당연히 콜레스테롤도 많이 들어 있다.

포테이토 칩이 고칼로리에 고지방인데도 콜레스테롤이 극소량(Tr)인

[그림 10-2] 양과자의 영양가

100g당

	칼로리 kcal	수분 g	단백질 g	총지방 g	포화 지방산 g	콜레 스테롤 mg	탄수 화물 g	식이 섬유 g	식염 상당량 g
쇼트 케이크	327	35.0	7.1	13.8	(5.26)	140	43.6	0.6	0.2
치즈 케이크(생)	364	43.1	5.8	28.0	(16.93)	–	22.1	–	0.5
팬케이크	261	40.0	7.7	5.4	(2.07)	84	45.2	1.1	0.7
버터 케이크	443	20.0	5.8	25.4	(14.64)	170	47.9	0.7	0.6
포테이토 칩	554	2.0	4.7	35.2	(3.86)	Tr	54.7	3.4	1.0
밀크 초콜릿	558	0.5	6.9	34.1	19.88	19	55.8	3.9	0.2
오렌지 젤리	89	77.6	2.1	0.1	(0.02)	0	19.8	0.2	0
아이스 크림	212	61.3	3.5	12.0	7.12	32	22.4	0.1	0.2

Tr: 극소량, (수치): 추산치, –: 분석하지 않았거나 분석하기 어려움
일본 식품표준성분표(제7개정판)에서

이유는 원재료인 감자가 식물이기 때문이다. 젤리의 원재료는 단백질인 콜라겐이어서 순수 단백질이나 다름없으므로 단백질 이외에는 거의 0 이다.

옛날과 지금의 버터크림은 다르다

양과자에 크림은 떼려야 뗄 수 없는 재료다. 휘핑한 크림으로 겉을 감싼 과자도 있다. 크림에는 생크림과 버터크림이 있다. 생크림은 냉장고에 넣어 차가워져도 폭신폭신한 상태 그대로지만, 버터크림은 차가워지면 단단하게 변해서 식감이 나빠진다.

옛날에는 크리스마스 케이크를 보통 버터크림으로 장식했다. 버터크림은 차게 하면 단단해지므로 모양을 정밀하게 만들 수 있다. 그래서 예전 데커레이션케이크의 장미꽃 같은 장식은 색깔이 화려하고 정교했다. 하지만 먹어보면 그다지 맛있지는 않았다. 예전 버터크림은 버터가 아니라 경화유로 만든 쇼트닝을 쓰는 경우가 많았기 때문이다. 요즘 버터크림에는 진짜 버터를 사용하므로 버터의 풍미가 살아 있어 맛있을 것이다.

냄새와 향기를 과학하다

냄새가 있는 분자와 없는 분자의 분기점은?

화과자 가게 앞을 지나가면 그다지 냄새가 나지 않는다. 그런데 양과자 가게 앞을 지나면 눈을 감고 있어도 특유의 기분 좋은 냄새가 느껴진다. 왜 그럴까?

대표적인 케이크 냄새로는 **바닐라** 향이 있다. 바닐라 나무는 60m까지도 자라는 덩굴성 식물이다. 바닐라는 길이 30cm 정도의 가늘고 길쭉한 열매(바닐라빈)에 들어 있는 씨앗에서 채취한다. 하지만 그 상태에서는 향이 나지 않고 증기를 쪼여서 발효, 건조해야 향이 생긴다.

바닐라 향은 바닐린이라는 분자에서 나오는데 합성으로도 만들 수 있다. 바닐라는 케이크 외에 향수 등의 화장품에도 쓰인다. 2001년 전 세계 바닐린 소비량은 12,000톤이었는데, 천연 바닐라는 1,800톤에 불과하고 나머지는 합성 제품이었다.

시나몬도 케이크에서 빼놓을 수 없는 냄새다. 시나몬은 계피라는 식물의 나무껍질이다. 시나몬 냄새 분자는 시남알데하이드라는 물질이다. 이것도 화학적으로 합성할 수 있는데, 산업적으로 제조할 때는 계피유를 수증기로 증류하여 얻는다.

케이크 하면 초콜릿도 빼놓을 수 없다. 초콜릿은 맛도 맛이지만 향도 맛 못지않게 훌륭하다. 하지만 바닐라나 시나몬과 달리 '이게 바로 초콜릿 향'이라고 할 만한 냄새 분자는 없다. 여러 냄새가 어우러져 초콜릿 향이 생기는 것이다.

각종 리큐어도 양과자의 맛을 내는 비법 재료로 쓰인다. 흔히 쓰이는

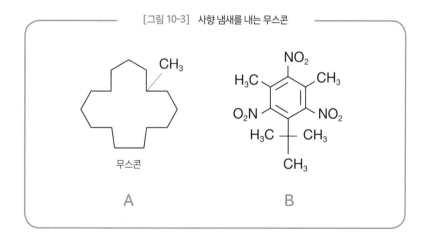

[그림 10-3] 사향 냄새를 내는 무스콘

무스콘

A

B

재료로 럼주가 있는데, 럼주는 사탕수수를 짜고 남은 찌꺼기를 발효시켜 만든 양조주를 증류해서 얻은 술이다. 이 경우에도 '이게 바로 럼주 냄새'라는 냄새 분자는 없다.

냄새와 냄새 분자의 관계는 복잡해서 아직 자세히는 알려지지 않았다. 하지만 냄새 분자가 코에 있는 후각 세포의 분자막과 결합하면서 일어나는 것만은 분명한 듯하다.

〈그림 10-4〉에서 A는 향이 좋기로 유명한 사향의 냄새 분자인 무스콘이다. 화학적으로 보면 그저 평범한 고리 형태의 분자다. 왜 이런 분자가 사람의 마음을 사로잡는지 불가사의한 일이다. 〈그림 10-4〉의 B는 폭약으로 유명한 트라이나이트로톨루엔(TNT)과 비슷한데, 이것도 사향 향기를 낸다. 원인은 모른다.

[그림 10-4] 민트 향을 내는 분자는 무엇일까?

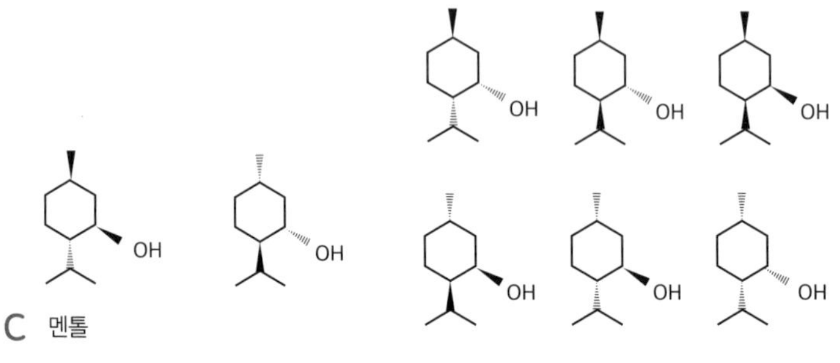

C 멘톨

제 10 장 과자와 기호 음료, 식사를 더 빛나게 한다

〈그림 10-4〉의 C는 박하(민트)의 냄새 분자인 멘톨이다. 그림의 결합을 나타내는 실선 및 쐐기 모양 실선, 쐐기 모양 점선은 '결합 방향'을 나타낸다. 이 그림을 보면 C의 오른쪽에 있는 분자 7개는 모두 C와 같은 순서로 원자가 결합해 있다. 하지만 결합을 나타내는 기호가 조금씩 다르다. 다시 말해 모두 C의 입체이성체(구조식은 동일하나 원자 또는 원자단의 입체 배치가 다른 이성체-옮긴이)라고 불리는 것들이다.

이러한 8개 분자 중에 민트 향을 내는 분자는 딱 하나, C뿐이다. 다른 7개 분자는 민트 향이 나지 않는다. 이렇게 비슷하게 생겼는데 냄새가 나지 않는 것은, '열쇠와 열쇠 구멍' 관계 때문으로 보인다. 다시 말해 열쇠(냄새 분자)와 열쇠 구멍(분자막에 있는 수용체)이 딱 맞아떨어져야 하는 입체 관계인 것이다.

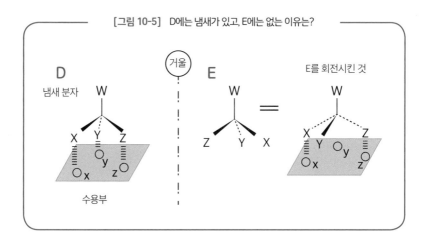

[그림 10-5] D에는 냄새가 있고, E에는 없는 이유는?

〈그림 10-5〉의 D를 냄새 분자라고 가정해보자. D의 치환기 X, Y, Z는 모두 수용체의 수용부인 x, y, z와 맞물려 결합한 상태다. 하지만 오른쪽에 있는 입체이성체 E는 수용체와 제대로 맞물려 있지 않다. 그래서 D는 냄새가 나지만 E는 냄새가 나지 않는 것이다.

식품 디테일 사전

생물의 미각과 후각

생물은 '살기 위해' 살지, '살아야 하는 의미'를 묻지 않는다. 묻는 생물은 오직 인간뿐이다. 그리고 생물이 살기 위해 적을 쓰러트리는 무기가 바로 '독'인 것이다. 살아남기 위해 필요한 또 다른 무기는 '적을 감지하는 센서'다. 이 센서에 해당하는 것이 미각과 후각이다.

미각은 독을 감지하는 센서로, 쓴맛과 매운맛을 느끼는 감각은 그 때문에 존재한다고 한다. 한편 후각은 가까이 다가오는 적을 재빨리 알아차리기 위한 센서로, 아무리 낮은 농도라도 감지해내는 능력이 필요하다.

미각은 대량의 물질(음식물)을 입에 넣어야 비로소 감지한다. 그에 반해 후각은 공기 중에 떠도는 눈에 보이지 않는 양의 물질을 감지한다. 예민한 정도는 미각에 비할 바가 아니다.

차와 커피의 과학

녹차와 우롱차, 홍차는 어떤 점이 다를까?

차, 커피, 초콜릿 등에는 카페인이라는 성분이 들어 있다. 카페인의 양은 차를 우리는 방법이나 초콜릿의 종류 등에 따라 다르지만 일반적으로는 〈그림 10-6〉과 같이 알려져 있다.

카페인은 흥분 작용과 약한 각성 작용이 있다. 그래서 **1일 섭취 권장량은 성인 기준 400mg, 임산부나 수유 중인 여성은 200mg(한국은 300mg 이하-옮긴이)**이다. 카페인은 전 세계에서 가장 널리 사용되는 정신 자극제라고 할 수 있다. 카페인은 적당량을 섭취하면 적당한 수준의 흥분 작용을 일으킨다. 하지만 과다 섭취하면 불면, 현기증 등의 증상이 나타날 수 있는데, 이를 피하려고 양을 줄이거나 끊으면 금단 증상으로 두통, 집중력 저

[그림 10-6] 카페인 성분은?

카페인 양	mg/100g
옥로	160
전차	20
우롱차	20
홍차	30
커피	60

전일본커피협회 홈페이지에서

하, 구역질, 근육통 등이 생길 수도 있다.

차

차는 차나무의 어린잎을 우려서 마시는 것으로, 종류가 다양하다.

• **녹차**　녹차에는 전차(煎茶), 말차, 번차, 호지차 등 여러 종류가 있는데 보통 **차라고 하는 경우는 찻잎을 쪄서 비빈 것**을 말한다.

찻잎을 찌는 이유는 가열해서 잎 속의 효소를 비활성화하기 위해서다. 비활성화하지 않으면 발효해서 최종적으로는 홍차가 되어 버린다. 비비는 이유는 잎의 세포벽을 파괴하기 위해서다. 세포벽을 파괴하면 세포 내부의 유용한 물질이 뜨거운 물에 잘 녹아나온다. 발효했는지 안 했는지가 차와 다른 차(우롱차·홍차)의 차이점이다.

- **연차**(碾茶)   한편 찻잎을 찐 후에 비비지 않고 말린 것을 연차라고 한다. 중국에서 가장 먼저 전해진 차로 알려져 있다. 연차를 절구에 간 것이 말차다.

우롱차, 홍차

- **우롱차·홍차**   딴 찻잎을 비빈 후 그대로 방치하면 잎 속 효소의 작용으로 발효가 일어난다. 적당한 기간이 지난 후에 발효를 중단시킨 것이 우롱차이고, 마지막까지 발효시킨 것이 홍차다. **잎을 비비는 이유는 잎 속에 있는 산화 효소를 외부로 끌어내 산화 발효를 촉진하기 위해서다.**

녹차는 효소를 비활성화한 상태이므로 아무리 방치해도 발효되지 않는다. '녹차'를 범선에 실어 영국으로 운반하는 동안 발효가 일어나 '홍차'가 되었다는 이야기는 잘못되었다. 굳이 따지자면 운반한 것은 '녹차'가 아니라 '녹색 찻잎'이었을 것이다. 효소를 비활성화하지 않았으므로 발효가 진행된 것이다.

커피

커피는 볶아서 잘게 간 커피나무의 씨앗(커피콩)을 우려낸 음료다. 그런 의미에서는 가공되지 않은 원시적인 음료라고 할 수 있다. 최근 들어 커피에서 커피산이라는 시남알데하이드의 유사 물질이 발견되었는데, 이것이 커피의 향과 맛의 원인 물질인지 확인하기 위해 연구가 진행되고 있다.

인도네시아의 코피루왁은 야생 사향고양이가 먹은 커피 열매가 소화되지 못한 채 배설물에 섞여 나온 커피콩으로 만든다. 고양이의 장내 세균이 커피 열매를 발효시키는 과정에서 특별한 향이 생긴다고 한다.

초콜릿·코코아

고체인 초콜릿과 음료인 코코아는 본질적으로 같은 것이다. 영어권에서는 코코아를 핫초콜릿이라고 부른다.

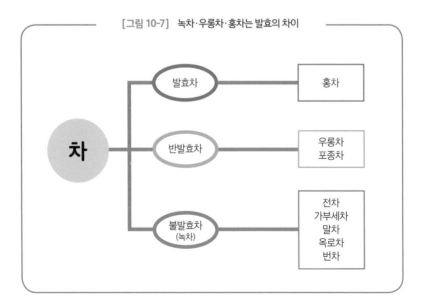

[그림 10-7] 녹차·우롱차·홍차는 발효의 차이

제 10 장 과자와 기호 음료, 식사를 더 빛나게 한다

초콜릿은 '카카오'라는 높이 10m 정도의 나무에 열리는 길이 20cm, 지름 7cm 정도의 긴 타원형 열매로 만든다. 카카오 열매 안에는 20~50 알 정도의 씨앗(카카오 콩)이 들어 있다. 이 콩을 볶아서 껍질을 벗긴 후 곱게 갈아 풀처럼 되직하게 만든 것을 카카오매스라고 한다. 카카오매스에 40~50% 함유된 지방분은 카카오버터라고 한다.

- **초콜릿** 카카오매스에 설탕과 카카오버터를 넣어 반죽한 것이 초콜릿이다. 화이트초콜릿은 카카오매스를 넣지 않고 카카오버터만으로 만든다.

- **코코아** 카카오매스에서 지방분을 어느 정도 제거한 것을 코코아파우더라고 한다. 여기에 설탕과 우유를 넣은 음료가 코코아다.

술의 종류와 지식

포도당을 알코올 발효시킨다

술을 식품이라고 해도 좋을지 어떨지는 어려운 부분이지만, 살짝만 다루고 넘어가자.

술은 에탄올(CH_3CH_2OH)이 들어 있는 음료인데, 그런 의미에서는 '에탄올을 희석한 물+α'다. α는 맛과 향이다.

술에 함유된 에탄올의 양은 부피 백분율로 표시한다. 즉 술에 함유된 에탄올의 부피를 술 전체의 부피로 나눈 다음 그 값에 100을 곱한다. 그리고 한국과 일본에서는 그 수치를 퍼센트라고 하지 않고 도라고 한다. 즉 15도짜리 술은 15%를 뜻하며 술 100ml에 에탄올 15ml가 들어있다는 의미다. 에탄올의 비중은 0.789로 물보다 가벼우므로, 만약 술의 에탄올 함유량을 중량 백분율로 표시하면 그 수치는 현재의 '도'로 표시한 수치보다 10~20% 정도 낮아진다.

술은 효모(이스트)를 이용해 포도당을 알코올 발효시켜 만든다. 몇 가지 술 제조법을 알아보자.

포도주(와인)

효모는 자연계 어디에나 존재하는 균이다. 식물의 잎에도 있고 공기 중에도 날아다닌다. 포도 잎과 껍질에도 효모가 붙어 있다. 그런데 포도 열매에는 포도당이 풍부하므로 포도를 으깨서 보관하면 가만히 두기만 해도 포도주가 만들어진다. 오히려 포도주가 못 만들어지게 하는 편이 더 어려울 정도다.

사케·맥주

쌀과 보리는 곡물이어서 포도당이 들어 있지 않다. 들어 있는 것은 녹말이다. 그래서 효모를 이용해 쌀이나 보리를 알코올 발효시키려면 그 전에 녹말을 가수분해해서 포도당으로 만들어야 한다. 그 역할을 하는 물질이 쌀로 만드는 사케의 경우 누룩이고, 보리로 만드는 맥주나 위스키의 경우 보리를 발아시킨 맥아에 함유된 효소다. 따라서 곡물로 술을 만들 경우에는 다음과 같은 2단계의 반응이 필요하다.

① 녹말을 가수분해하여 포도당으로 만든다.

② 포도당을 알코올 발효한다.

　사케는 이 2가지 단계를 동시에 진행해 만든 술이고, 맥주는 ①을 끝내고 ②로 넘어가는 단계를 밟아 만든 술이다. 와인이나 사케처럼 알코올 발효로 만들어진 술을 보통 양조주라고 한다. 막걸리, 사오싱주(찹쌀을 발효시켜 만든 중국 술-옮긴이), 맥주 등이 여기에 해당한다.

증류주

양조주의 알코올 도수는 고작해야 15%(15도) 정도다. 그래서 양조주를 증류해서 알코올 함량이 높은 성분만 모은 술이 만들어졌다. 그 술이 증류주이며 브랜디, 위스키, 소주, 보드카, 럼주 등이 유명하다. 증류주의 도수는 한도가 없다. 마음만 먹으면 100% 가깝게도 만들 수 있다. 하지만 현재 시판되는 증류주는 대개 40~50도다.

　증류주를 만들 때 문제는 어떻게 '증류 정밀도를 낮출 것인가'다. 현대 공학 기술(연속 증류법)을 이용해 양조주를 증류하면 순수 에탄올, 즉 100%(100도)짜리 술도 만들 수 있다. 하지만 에탄올 100%라면 에탄올 그 자체이지 '에탄올을 희석한 물+α'인 술이 아니다. 다시 말해 에탄올에 가까울 뿐 술 특유의 풍미는 사라진다는 의미다. 브랜디든 위스키든 풍미가 다 같아져 버리는 것이다.

이래서는 '술 문화'가 성립할 수 없다. 그래서 원료인 양조주의 맛과 향, 즉 α를 남기면서 증류하는 **정밀도가 낮은 증류**, 요컨대 현대 공학의 사상에 반하는 증류법이 필요한 것이다. 증류주를 만드는 사람들이 온 신경을 곤두세우는 것은 사실 이 부분이지 않을까?

실제 사례를 보자. 일본의 소주는 크게 갑류와 을류로 나뉜다. 갑류는 현대 방식인 연속 증류법으로 만든 증류주(에탄올)다. 이것은 도수는 얼마든지 높일 수 있지만 법령상 36도 이하로 정해져 있다. 실제로는 물을 추가해서 조정한다.

반면 을류는 옛날 방식인 단식 증류법으로 만들며, 증류는 딱 1회만 한다. 그로 인해 알코올 도수가 높아지기 어렵기도 해서 도수는 45도 이하로 정해져 있다. 매실주 등의 리큐어에 사용하기에는 맛이 깔끔한 갑류가 적합하다(한국 소주로 따지면 희석식 소주가 갑류, 증류식 소주가 을류에 해당한다-옮긴이).

리큐어

증류주에 과일을 담가 과일 성분을 추출한 술을 리큐어라고 한다. 일본을 예시로 하면 매실주다. 세계적으로는 쑥을 넣은 압생트, 노간주나무 열매를 넣은 진 등 여러 종류가 있는데, 꼭 식물만 담그는 것은 아니다. 예를 들면 오키나와에 서식하는 독사인 반시뱀을 넣은 반시뱀주 등이 있다.

칵테일

칵테일이란 모든 술 중에 원하는 술을 골라서 먹고 싶은 주스 등을 섞은 알코올음료를 말한다. 칵테일 종류는 무한하다. 잘 알려진 것만으로도 김렛(진+라임), 물랭루주(브랜디+파인애플주스+샴페인+파인애플 1조각+체리 1개), 사무라이(사케+라임즙+레몬즙) 등 얼마든지 있다. 여러분도 자신만의 오리지널 칵테일을 만들어 보면 어떨까?

젖으로 만든 술 이야기

말젖으로 만든 마유주(몽골)는 굉장히 특이한 술이다. 젖으로 만든 술이라고 해서 '단백질로 술을 만든다고?' 하고 오해할 수도 있는데 그렇지는 않다. 말젖에는 유당이 7% 정도 들어 있다. 유당은 포도당과 갈락토스로 이루어진 이당류인데, 이 포도당을 알코올 발효시키는 것이다. 알코올 도수는 기껏해야 2도도 되지 않는다. 하지만 이 술을 증류해서 만든 아르히(몽골의 보드카에 해당)는 7~40도짜리 증류주다.

마오타이주는 중국의 국빈주라고 불리는 술이다. 고량(수수)으로 만들며 향이 강렬하고 선명하다. 찐 고량에 누룩과 효모를 섞고 항아리에 담아 움막에서 발효시켜 만든다. 요컨대 물을 넣지 않는다. 그래서 발효는 밥과 같은 고체 상태로 이루어진다. 이것을 고체 발효라고 한다.

발효가 진행되면 밥이 죽 상태로 변하는데, 지방에 따라서는 여기에 빨대를 꽂아서 액체 부분을 마시기도 한다. 마오타이주는 이것을 나무 찜통에 넣고 쪄서 알코올 부분을 증류해 만든다. 이런 방식을 보통 수증기 증류라고 한다.

예전에는 65도짜리도 있었지만 최근에는 45도 정도로 낮아졌다. 도수에 비해 취기가 잘 오르는 술이다. 에탄올 이외에 사람을 취하게 하는 성분이 섞여 있는지도 모른다.

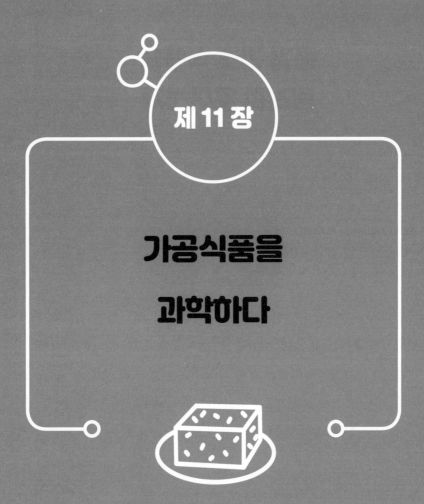

제11장

가공식품을
과학하다

62

동결 건조 식품의
원리를 알아보자

온도를 높이지 않고 건조하는 비결

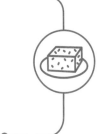

가공식품 중에는 원재료를 떠올릴 수 없거나 원재료를 알더라도 어떤 방법으로 만들었는지 상상할 수 없는 종류가 있다. 이번 장에서는 신기하게 느껴지는 몇몇 가공식품의 원재료와 생산 방식을 살펴보자.

인스턴트커피 분말을 컵에 붓고 뜨거운 물을 따르면 커피 향이 물씬 풍긴다. 또 컵라면에 뜨거운 물을 붓고 3분간 기다리면 완성된다. 이렇듯 **동결 건조 식품**은 일상생활에 깊이 뿌리 내리고 있다.

그런데 '동결 건조'란 어떤 의미일까? '동결'이란 얼린다는 뜻이고 '건조'란 말린다는 뜻이다. 커피를 건조하려면 수분을 제거해야 한다. 수분을 제거하려면 비등시켜야 하고, 그러려면 100℃ 이상에서 계속 가열하여 커피의 수분을 증발시켜야 한다. 그러면 그 단계에서 커피는 이미 향을 엄청나게 뿜어낼 것이다. 또 바짝 졸아버린 라면은 더 이상 라면이 아니다.

그렇다면 뭐가 됐든 **가열하지 않고 수분을 증발시킬 방법**은 없을까? 방법이 있다! 힌트는 드라이아이스에서 얻을 수 있다. 물은 0℃ 이하의 저온에서는 고체(얼음)이지만, 가열해서 녹는점(0℃)이 되면 융해해서 액체인 물이 되고, 끓는점(100℃)이 되면 비등해서 기체(수증기)가 된다. 즉 온도가 높아짐에 따라 '고체 → 액체 → 기체'로 변한다.

그런데 이산화탄소의 고체(결정)인 드라이아이스는 저온에서 고체 상태인데 실온에서는 기체 상태다. 즉 '고체 → 기체'다. 고체가 액체를 거치지 않고 바로 기체로 변하는 것이다. 이러한 변화를 보통 **승화**라고 하며, 옷장에 넣는 방충제인 나프탈렌 등에서도 볼 수 있는 현상이다.

물도 이처럼 고체(얼음)에서 바로 증발시킬 수는 없을까? 할 수 있다! 1장에서 살펴본 대로 진공(저압) 상태로 만들면 된다. 물은 0.006기압, 0.01℃ 이하에서 승화한다. 즉 얼음이 물을 거치지 않고 바로 수증기로 변해 날아가는 것이다.

이것이 **동결 건조의 원리**다. 이 원리를 이용하면 커피를 냉동 상태인 채로 건조할 수 있다. 커피의 향을 해치는 일은 없다. 라면도 마찬가지다.

63

두부가 만들어지기까지

두부는 콜로이드였다

두부는 여전히 제조법이 불가사의하게 느껴지는 식품이다. 단단한 콩에서 어떻게 그런 하얗고 부드러운 두부가 만들어지는 걸까?

두부를 만드는 방법은 간단하다. 콩을 하룻밤 물에 담가 불린 후 부드러워진 콩을 믹서로 간다. 이것을 끓인 다음 천으로 짜서 거른다. 이때 짜고 남은 **고체 부분을 비지, 액체 부분을 두유**라고 한다.

액체 부분(두유)을 다시 끓여 70℃ 정도가 되었을 때 간수(황산마그네슘($MgSO_4$) 등) 수용액을 넣고 몇 차례 잘 저은 후 그대로 내버려 둔다. 두유가 몽글몽글 뭉쳐지면 물빠짐 구멍이 있는 전용 용기에 넣는다. 물이 어느 정도 빠지면 용기에 뚜껑을 덮고 누름돌을 올려 물기를 더 뺀

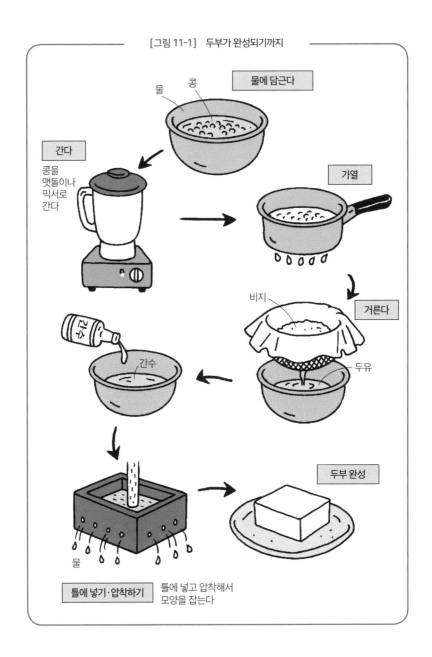

[그림 11-1] 두부가 완성되기까지

물에 담근다

물 콩

간다
콩을
맷돌이나
믹서로
간다

가열

비지

거른다

두유

간수

틀에 넣기·압착하기 틀에 넣고 압착해서
모양을 잡는다

물

두부 완성

다. 물이 더 이상 나오지 않으면 두부를 용기에서 꺼낸다. 찬물에 헹궈서 간수를 제거하면 완성이다.

두유를 계속 가열하면 두유 표면에 엷은 막이 생긴다. 이 막을 나무젓가락 같은 도구로 걷어 올린 것이 생(生)유바다. 일본에서는 그대로 회처럼 간장에 찍어서 먹는다. 생유바를 말린 건조 유바는 물에 불려서 국이나 조림 등 각종 요리에 사용한다.

두부를 얇게 썰어 직화로 구운 야키두부는 스키야키 등의 재료로 사용한다. 또 두부를 얇게 썰어 기름에 튀긴 유부는 그대로 먹거나 데쳐서 유부초밥으로 만들기도 한다. 두부를 으깨서 양념한 다음 살짝 데친 채소와 함께 버무린 무침을 시라아에, 시라아에를 넣고 끓인 국을 겐친지루, 흰살생선 배 속에 시라아에를 채워 넣은 찜을 겐친무시라고 한다. 이렇듯 두부는 일식 재료로 널리 쓰인다.

중국에는 두부를 이용한 발효 식품으로 푸루가 있다. 압착해서 물기를 뺀 두부를 직사각형으로 자르고 누룩을 발라 병에 담은 후 거르지 않은 간장, 소금물, 감주 등을 넣어 숙성시켜 만든다. 일본 오키나와 지역에도 도후요라는 이름의 비슷한 식품이 있다.

앞에서 살펴봤듯 두부를 만드는 원리는 간단하다. 하지만 두부에는 과학적으로 중요한 현상이 숨어 있다. 두유는 콩의 '젖'이라는 뜻처럼 우유와 매우 비슷하다. 겉보기에만 그런 게 아니라 본질적으로도 상당히 비슷하다. 즉 앞의 8장에서 살펴보았듯 **두유는 콜로이드 용액이고, 콜로**

제 11 장 가공식품을 과학하다

이드 입자는 콩의 단백질, 분산매는 물론 물이다.

두유의 콜로이드 입자인 단백질은 수용성, 다시 말해 친수성 콜로이드다. 콜로이드 입자의 표면에는 물 분자가 빽빽이 달라붙어 있다. 여기에 간수인 $MgSO_4$를 넣는데, 간수는 이온성 화합물이어서 물에 녹으면 마그네슘 이온(Mg^{2+})과 황산이온(SO_4^{2-})으로 분해된다.

물 분자는 이온을 아주 좋아한다. 단백질도 싫어하지는 않지만 이온이 오면 그쪽으로 간다. 그래서 콩 단백질 주변에 붙어 있던 물 분자는 간수 쪽으로 가 버리고, 그 결과 콩 단백질은 알몸 상태가 된다. 콩 단백질끼리 달라붙지 못하도록 가로막던 요인이 사라지는 것이다. 그 결과 콩 단백질, 즉 콜로이드 입자는 서로 들러붙어 고체를 이루며 침전한다. 이 침전물이 두부이고, 이런 현상을 과학 용어로는 염석이라고 한다.

화장품도 콜로이드다!

콜로이드는 우리 주변에 아주 많으며, 항상 염석의 기회(한데 뭉쳐 바닥으로 가라앉을 기회)를 노리고 있다. 크림이나 로션 등 액제 계열의 화장품은 대부분 콜로이드다. 땀이 묻은 손으로 만지면 땀에 들어 있는 이온성 물질(소금 등)로 인해 염석이 일어나면서 콜로이드 입자가 밑으로 가라앉아 두 층으로 분리될 수도 있다. 이러한 현상을 **콜로이드가 파괴되었다**고 한다.

화장품은 이미지가 중요하다. 파괴된 콜로이드는 해로울 게 전혀 없지만 두 층으로 분리된 화장품은 아무래도 꺼림칙하다. 얼굴에 바르기 꺼려지기 때문이다. 화장품을 만드는 사람들이 가장 신경 쓰는 부분이다.

고야두부란?

동결 건조 제조법과 비슷해 보이지만
전혀 다른 독특한 제조법

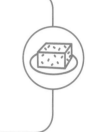

가로세로 10×7cm, 두께 5mm 정도에 하얗고 단단하고 가벼워서 마치 비스킷처럼 보이는 일본 전통 식품이 있다. 언두부 또는 원산지인 고야산에서 이름이 유래한 고야두부다(일본에서의 정식 명칭은 '얼린 두부'다). 고야두부는 보존 식품의 일종으로, 먹을 때 물에 불려서 조림에 사용한다.

고야두부는 이름 그대로 두부를 이용해 만든다. 직사각형으로 얇게 썬 두부를 한겨울밤 고야산 같은 한랭지에 내놓는다. 그러면 수분이 얼어서 두부 곳곳에 얼음 입자가 생긴다. 낮이 되면 얼음이 녹아 물이 뚝뚝 떨어지고 두부는 구멍투성이가 된다. 물의 일부는 이렇게 해서 없어지지만 일부는 두부 안에 남는다. 밤이 되면 남은 수분이 다시 얼어서 두부에 또 구멍을 뚫는다.

　이 과정을 며칠 동안 반복하면 두부는 구멍투성이가 된 채 건조되고, 겨울 햇빛의 자외선에 표백되어 새하얗고 단단한 고체가 된다. 이것이 고야두부다. 이 제조법은 동결 건조와는 다르다. 진공(저압) 조작을 하지 않았고 물이 승화하지도 않았기 때문이다.

제11장 가공식품을 과학하다

곤약과 얼린 곤약

두부와 똑같이 염석의 원리로 만들어졌다!

고기 비계처럼 말랑말랑하면서도 씹는 맛이 있는 **곤약**은 어떤 원재료로 어떻게 만드는지 상상하기 힘든 식품 중 하나이지 않을까? 곤약은 구약 이라는 식물의 알줄기인 구약감자로 만든다. 구약은 다년초다. 심고 나서 1년이 지난 가을에 캐낸 후 이듬해 봄에 다시 심어서 뿌리를 살찌우는 과정을 3~4년간 반복하면 지름 30cm, 무게 2~3kg으로 자란다. 매년 가을에 캐는 이유는 곤약의 최초 원산지(인도 또는 베트남으로 여겨짐)가 남쪽이어서 겨울 추위에 약하기 때문이다.

구약감자를 수확해서 삶은 후에 껍질을 벗기고 같은 양의 물을 부어 믹서에 간다. 여기에 수산화칼슘(소석회, $Ca(OH)_2$)이나 탄산나트륨

(Na$_2$CO$_3$) 수용액을 넣고 섞어서 전체가 풀처럼 되직해지면 30분 정도 그대로 둔다. 이것을 적당한 크기로 잘라 뜨거운 물을 넉넉히 붓고 그대로 20~30분 삶아서 석회 성분 등을 빼내면 곤약이 완성된다.

곤약의 원료는 구약감자에 함유된 글루코만난이라는 탄수화물이다. 글루코만난은 녹말과 같은 다당류로, 마노스라는 단당류가 많이 결합해 있다. 구약감자를 으깬 용액 속에는 글루코만난이 미립자 형태로 떠다니고 있다. 즉 구약감자도 두부와 마찬가지로 콜로이드 용액 상태다.

곤약은 구약감자를 으깬 용액에 수산화칼슘이나 탄산나트륨이라는 이온성 물질을 섞어서 만드므로, 이는 두부를 만드는 것과 동일하다(염석). 요컨대 **곤약을 만드는 원리는 두부와 똑같은 것**이다.

곤약 속의 글루코만난은 그물망 형태로 모여서 물을 대량으로 머금고 있다. 그래서 **곤약 무게의 96~97%는 수분**이다. 이렇게 물을 보유하는 구조는 기저귀 등에 사용하는 고흡수성 고분자 구조와 비슷하다. 과자로 유명한 곤약젤리는 젤라틴 대신 곤약 가루로 만든다. 곤약 특유의 탄력 있는 식감이 있다.

곤약을 직사각형으로 납작하게 썰어서 언두부를 만들 때와 동일한 과정을 거치면 얼린 곤약을 만들 수 있다. 얼린 곤약은 미세한 구멍이 촘촘하게 뚫려 있는 데다가 조직이 부드럽고 촉감이 좋아서, 옛날에는 식용 이외에 아기 몸을 씻길 때도 사용했다고 한다. 현재는 식품 외에 고급 화장품에도 사용된다.

66

'후'는 어떻게 만들까?

밀가루로 '후' 만드는 방법

후(麩)는 밀가루에 함유된 단백질인 글루텐을 사용해 만든 식재료다. 옛날에는 중국의 사찰 등에서 단백질 공급원으로 요긴하게 쓰였다고 한다.

후를 만드는 방법은 다음과 같다. 먼저 밀가루에 식염수를 붓고 반죽한다. 반죽을 골고루 주물러 찰기가 생기면 천으로 된 자루에 넣는다. 자루째 물속에 넣고 계속 주무른다. 그러면 녹말이 흘러나오고 마지막에는 껌 모양의 물질만 남는다. 이것이 후의 원료인 글루텐이다. 이 글루텐을 빚어서 찐 식품이 생(生)후다. '생후'는 작은 공 모양, 김밥처럼 길고 둥근 모양, 단면이 꽃 모양인 것 등 다양한 디자인의 제품이 판매되고 있다.

생후를 기름에 튀긴 것이 튀긴후, 익혀서 말린 것이 건조후다. 구운후는 후의 원료인 글루텐에 밀가루, 베이킹파우더, 찹쌀가루 등을 섞어 반죽한 다음 직화로 구워낸 것이다. 만주 모양으로 빚어 구운 만주후, 바움쿠헨처럼 막대에 여러 겹을 친친 감아서 구운 **구루마부**(車麩) 등도 있다.

생후에 팥소를 넣어 빚은 후만주는 조릿대 잎 등으로 감싼 상태로 제공된다. 또 설탕 등을 섞어서 막대 모양으로 빚은 구운후에 흑설탕액을 바른 과자를 **후과자**라고 한다.

제 11 장　가공식품을 과학하다

67

니코고리, 젤리, 구미젤리의 원료는?

파인애플이 들어간 젤리는 왜 굳지 않을까?

생선조림을 냉장고에 넣어 두면 조린 국물이 묵처럼 굳어진다. 이 굳은 국물을 일본에서는 니코고리라고 한다. 이것은 프랑스어로 아스픽이라고 불리는 어엿한 요리 중 하나다. 젤리나 구미는 니코고리를 정밀하게 만든 식품이라고 할 수 있다.

생선이나 고기를 조린 국물에는 단백질의 일종인 콜라겐이 녹아 있다. 콜라겐은 실 3개를 땋은 듯한 모양으로 생긴 기다란 분자로, 동물 단백질의 1/3은 콜라겐이다. **콜라겐은 용액 온도가 상온보다 높으면 용액 속을 돌아다니므로** 조린 국물은 액체 상태다. 하지만 **차가워지면 열에너지를 잃어 굳어 버린다.** 앞에서 살펴본 대로 유동성이 있는 '졸'에서 고체 상태인

'젤'로 변하는 것이다. 이때 콜라겐은 젤 형태를 이루면서 내부에 액체를 머금는다. 곤약의 원리와 동일하다. 이것이 아스픽이다.

젤라틴은 콜라겐을 순수한 형태로 추출한 것이다. 젤라틴을 물에 녹이면 용액 상태지만, 차게 하면 그물망 구조의 고체로 변하면서 내부에 과즙 등의 액체를 빨아들인다. 이것이 젤리다. 요컨대 관절 건강 등을 생각해 콜라겐을 섭취하려고 한다면, 젤리가 가장 빠르고 확실하며 저렴한 수단이라는 뜻이다.

'젤리'라고 하면 탱글탱글한 젤리 과자가 떠오른다. 하지만 식당에서 디저트로 제공되는 젤리는 젤라틴 농도가 낮으며, 안에 채소 등을 넣은 흐물흐물한 젤리도 있다. 젤라틴 용액이 굳는 온도는 20~28℃다. 그리고 그보다 5℃ 정도 높아지면 녹아서 액체로 되돌아간다.

키위나 파인애플 등의 과일은 단백질 분해 효소가 많이 들어 있어서

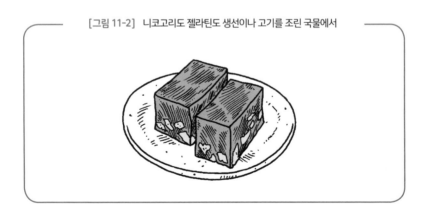

[그림 11-2] 니코고리도 젤라틴도 생선이나 고기를 조린 국물에서

젤리에 넣으면 젤리가 굳지 않는다. 이런 재료가 들어간 젤리를 만들려면 과일을 미리 익혀서 효소를 비활성화시켜야 한다.

시중에서 파는 구미젤리는 젤라틴 양을 늘린 것이다.

68

간텐요세·건조 한천

○ 젤라틴보다 혀에 닿는 느낌이 좋은 식물성 재료 ○

간텐요세 또는 단순히 간텐이라고 불리는 일본 전통 요리가 있다. 반투명해서 겉보기에는 젤리와 똑같지만 혀에 닿는 느낌이 훨씬 더 매끄럽다.

간텐요세는 해초인 우뭇가사리로 만든다. 우뭇가사리를 물에 끓인 후여과해서 불순물을 제거한 다음 액체 부분을 상온에 두면 굳어져 반투명한 고체로 변한다. 이것이 한천이다. 한천이 굳는 온도는 33~45℃, 녹는 온도는 85~95℃로 젤리보다 훨씬 고온이다. 이 변화는 8장에서 살펴본 콜로이드 중 유동성이 있는 '졸'에서 유동성이 없는 '젤'로 바뀌는 변화다.

한천 용액에 맛을 내거나 안에 채소 또는 생선살을 넣어 굳힌 요리가 간텐요세다. 한천은 아가로오스와 아가로펙틴이라는 다당류로 이루어져 있는데, 흔히 말하는 식이섬유의 일종이다. 우뭇가사리를 끓이면 이 성분이 녹고 차게 하면 그물망 형태로 굳는 것은 젤리와 원리가 같다. 다만 **한천의 성분은 단백질이 아니므로 굳는 데 효소의 방해를 받지 않는다.** 그래서 키위나 파인애플 등 단백질 분해 효소가 들어 있어서 젤리에 넣을 수 없는 과일을 넣은 젤리(모양인 것)를 만들 때 젤라틴 대신 쓰기도 한다. 한천은 칼로리가 거의 없어서 한천으로 만든 면인 실한천은 일본에서 다이어트식으로 인기가 높다.

　아무 양념도 하지 않은 한천을 양갱 모양으로 잘라서 고야두부와 동일한 과정을 거쳐 건조시킨 것을, 건조 한천 또는 단순히 한천이라고 한다. 건조 한천의 종류는 길이 약 20cm에 단면이 3cm 정사각형인 막대

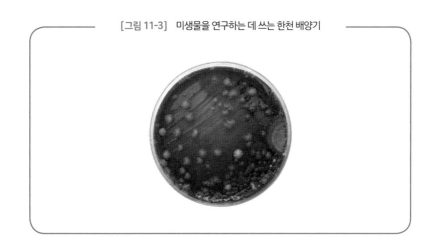

[그림 11-3]　미생물을 연구하는 데 쓰는 한천 배양기

한천, 가늘고 긴 끈처럼 생긴 실한천, 가루로 만든 분말한천 등이 있다.

식품은 아니지만 미생물을 배양하는 '한천 배양기'도 널리 사용된다.
〈그림 11-3〉과 같다.

제 11 장 가공식품을 과학하다

69

인기 있는
나타데코코와 타피오카

코코야자 열매, 카사바 녹말이 원료다!

나타데코코

오징어회처럼 보이는 나타데코코는 대부분 균이 합성한 셀룰로스다. 말하자면 버섯의 밑동과 같다.

나타데코코의 주원료는 코코야자의 열매인 코코넛이다. 코코넛의 단단한 껍질 속에는 걸쭉한 과육 부분과 액체 상태인 코코넛액이 들어 있다. 코코넛액에 물과 설탕을 섞고 아세트산균의 일종인 아세토박터 자일리눔이라는 균을 넣어 발효시키면, 표면에 서서히 막이 생긴다. 2주 정도 지나면 막이 15mm 정도 두께가 되는데, 그때 꺼낸 막이 나타데코코다.

한국이나 일본에서는 보통 이 막을 먹기 편하게 잘라서 산을 제거하고 시럽에 절인 형태로 판매된다. 나타데코코(Nata de coco)는 스페인어로, '나타'는 '액체 위에 뜬 표피', '데'는 영어 'of'에 해당하며, '코코'는 '코코넛'이라는 의미다. 이름 그대로 '코코넛에 뜬 표피'인 것이다.

타피오카

타피오카는 나타데코코와 식감이 비슷하지만 둘은 완전히 다른 식품이며 만드는 법도 전혀 다르다.

타피오카는 카사바라는 식물의 뿌리에서 채취한 녹말을 말한다. 디저트 등을 만들 때 사용하는 알갱이 모양의 타피오카 펄은 타피오카로 만든다.

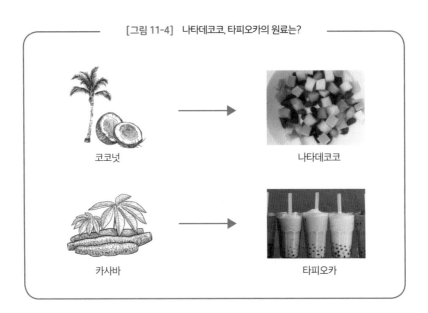

[그림 11-4] 나타데코코, 타피오카의 원료는?

코코넛 → 나타데코코

카사바 → 타피오카

타피오카 펄을 만드는 방법은 다음과 같다.

타피오카 가루(녹말)에 물을 넣어 호화(녹말에 물을 넣어 가열할 때에 부피가 늘어나고 점성이 생겨서 풀처럼 끈적끈적하게 되는 것-옮긴이)시킨 후 전용 용기에 넣고 회전시키면 눈덩이처럼 점점 불어나면서 공 모양이 된다. 이것을 건조하면 타피오카 펄이 된다. 디저트나 콩소메(고기나 생선 육수로 만든 수프-옮긴이)의 건더기 등으로 쓸 때는 물에 다시 삶아서 사용한다.

70

잼과 마시멜로의
숨겨진 얼굴

왜 잼을 만들 때는 '산'이 필요할까?

'딸기＋설탕'으로는 잼이 만들어지지 않는다!

잼은 흔한 식품이긴 하지만 혹시 '딸기에 설탕을 넣고 조리면 끝!'이라고 우습게 여기지는 않는가? 딸기에 설탕을 넣고 조린 것은 그냥 '딸기 설탕조림'일 뿐이다. 수분과 과일이 따로 놀아서 아무리 조려도 딸기잼처럼 끈적끈적한 점성은 생기지 않는다.

잼은 과일에 들어 있는 펙틴이라는 다당류가 녹은 후에 다시 뭉쳐지면서 단단한 점액 상태가 된 식품이다. **잼을 만들려면 과일에 설탕과 산을 넣고 조리는 과정**이 필요하다. 그런데 산이 왜 필요한 걸까?

제 11 장 가공식품을 과학하다

- **조린다** 과일을 조리면 세포벽이 파괴되어 세포벽을 이루고 있던 펙틴이 녹아 나온다.

- **설탕을 넣는다** 녹아서 분리된 펙틴은 용매화 상태라서 많은 물 분자에 둘러싸여 있다. 이대로라면 펙틴은 물의 방해를 받아 서로 달라붙어 뭉칠 수 없다. 그래서 물을 흡수하는 능력이 있는 설탕으로 물을 없애 버린다. 즉 콜로이드의 염석과 같은 현상이다. **잼을 만들 때는 소금 대신 설탕을 이용해 물을 제거**하는 것이다.

- **산을 넣는다** 펙틴은 산(RCOOH)의 일종이다. 산은 과일 속에서 이온화하여 음이온(RCOO$^-$)과 수소 이온(H$^+$)으로 되어 있다. H$^+$는 과일 속에 흩어져 숨어 있다.

$$RCOOH \longrightarrow RCOO^- + H^+$$

잼이 되려면 RCOO$^-$가 모여서 집단을 이루어야 하는데, 음이온 상태로는 정전기적 반발력 때문에 뭉칠 수가 없다. 여기에 **산을 넣어 H$^+$를 늘리면 RCOO$^-$가 RCOOH로 되돌아가 비로소 뭉쳐질 수 있는 것**이다.

마멀레이드는 과일 대신 과일 껍질을 이용해 만든 잼이므로 과일로 만든 잼과 원리가 완전히 동일하다. 후루체(우유와 섞어 냉장고에 넣어두면 과일푸딩처럼 굳는 일본의 레토르트 제품명-옮긴이)는 우유에 펙틴을 넣어 굳힌 식품인데, 우유 속의 칼슘 이온(Ca^{2+})이 H$^+$ 대신

RCOO⁻인 음이온을 중화해서 펙틴이 뭉쳐지게 한다.

마시멜로는 동물성 식품이었다!

마시멜로는 식물성 식품처럼 보이지만, 사실 **젤라틴과 달걀흰자로 만든 완전 동물성 식품**이다. 마시멜로를 만드는 방법은 다음과 같다.

냄비에 물, 설탕, 물엿을 넣고 조려서 시럽을 만든다. 거품 낸 달걀흰자 머랭에 뜨거운 시럽을 실을 뽑듯이 떨어트리면서 섞어 준 다음, 물에 불린 젤라틴을 재빨리 넣고 충분히 거품 낸다. 콘스타치(옥수수 녹말)와 가루 설탕을 뿌려둔 틀에 반죽을 부어 굳힌다. 다 굳으면 들러붙지 않도록 표면에 녹말가루를 입혀 마무리한다.